João Fidalgo
Mauricio Brancalion

Ilustração e Produção de Impressos

1ª Edição

SOMOS EDUCAÇÃO | Editora Saraiva

Av. das Nações Unidas, 7221, 1º Andar, Setor B
Pinheiros – São Paulo – SP – CEP: 05425-902

SAC **0800-0117875**
De 2ª a 6ª, das 8h00 às 18h00
www.editorasaraiva.com.br/contato

Vice-presidente	Cláudio Lensing
Gestora do ensino técnico	Alini Dal Magro
Gerente de projeto	José Ferreira Filho
Coordenadora editorial	Rosiane Ap. Marinho Botelho
Editora de aquisições	Rosana Ap. Alves dos Santos
Assistente de aquisições	Mônica Gonçalves Dias
Editoras	Márcia da Cruz Nóboa Leme
	Silvia Campos Ferreira
Assistente editorial	Paula Hercy Cardoso Craveiro
	Raquel F. Abranches
	Rodrigo Novaes de Almeida
Editor de arte	Kleber Monteiro de Messas
Assistente de produção	Fábio Augusto Ramos
	Valmir da Silva Santos
Produção gráfica	Marli Rampim

Revisão	Ponto Inicial Estúdio Gráfico
Diagramação	Ponto Inicial Estúdio Gráfico
Projeto gráfico de capa	Casa de Idéias
Impressão e acabamento	Forma Certa

DADOS INTERNACIONAIS DE CATALOGAÇÃO NA PUBLICAÇÃO (CIP)
(CÂMARA BRASILEIRA DO LIVRO, SP, BRASIL)

Fidalgo, João
  Ilustração e produção de impressos / João Fidalgo, Maurício Brancalion. -- 1. ed. -- São Paulo : Érica 2014.

  Bibliografia
  ISBN 978-85-365-0666-1

  1. Artes gráficas como profissão 2. Desenho 3. Ilustrações
4. Impressão 5. Impressão digital 6. Mídia digital 7. Mídia impressa
  I. Brancalion, Maurício. II. Título.

14-01180   CDD 741.6

Índices para catálogo sistemático:
  1. Ilustração e produção de impressos: Artes
gráficas   741.6

1ª edição
3ª tiragem: 2017

Os Autores e a Editora acreditam que todas as informações aqui apresentadas estão corretas e podem ser utilizadas para qualquer fim legal. Entretanto, não existe qualquer garantia, explícita ou implícita, de que o uso de tais informações conduzirá sempre ao resultado desejado. Os nomes de sites e empresas, porventura mencionados, foram utilizados apenas para ilustrar os exemplos, não tendo vínculo nenhum com o livro, não garantindo a sua existência nem divulgação.

A Ilustração de capa e algumas imagens de miolo foram retiradas de <www.shutterstock.com>, empresa com a qual se mantém contrato ativo na data de publicação do livro. Outras foram obtidas da Coleção MasterClips/MasterPhotos® da IMSI, 100 Rowland Way, 3rd floor Novato, CA 94945, USA, e do CorelDRAW X6 e X7, Corel Gallery e Corel Corporation Samples. Corel Corporation e seus licenciadores. Todos os direitos reservados.

Todos os esforços foram feitos para creditar devidamente os detentores dos direitos das imagens utilizadas neste livro. Eventuais omissões de crédito e copyright não são intencionais e serão devidamente solucionadas nas próximas edições, bastando que seus proprietários contatem os editores.

CL 640481   CAE 585297

Agradecimentos

Agradeço primeiramente a Deus por tantas chances de realização de trabalhos novos e que de alguma maneira servem para ajudar outras pessoas. Agradeço à minha querida e amada mãe, meu querido e amado pai (em memória) e meu querido e amado irmão. Meus filhos amados, João Vithor Nóbrega Fidalgo, Camila Nóbrega Fildalgo e Clara Elis Nóbrega Fidalgo. Um agradecimento especial à Silvia Regina Jäger, uma pessoa muito amada e querida. Ao amigo Brancalion pela parceria e amizade, aos tantos outros amigos e parceiros de longa data e é claro aos profissionais da Editora Érica pela força e paciência.

João Fidalgo

À minha família, Carla, Chiara e Felipe.

Aos meus pais, Osvaldo e Vera.

Ao amigo João Fidalgo, pelo apoio e pela parceria que vem crescendo a cada ano.

Ao amigo David Santoro, pelo apoio, pela amizade e pelos ensinamentos.

A Marcio Ramos, por me mostrar o mundo da tecnologia.

Agradeço à Editora Érica, pela oportunidade de escrever sobre um assunto que vivencio todos os dias e que me acompanha por toda a vida.

Mauricio Brancalion

Sobre os autores

João Fidalgo

Técnico Gráfico com Habilitação Plena em Artes Gráficas, formado pela Escola SENAI Theobaldo de Nigris, uma das mais importantes escolas de Artes Gráficas do mundo. Atua no mercado gráfico e na área de treinamentos há mais de 21 anos, trabalhando em grandes gráficas, editoras, agências e jornais da capital de São Paulo e do interior do estado e também grandes instituições de ensino como o próprio SENAI de Artes Gráficas e na rede SENAC. É escritor de livros técnicos na área de Desktop Publishing pelas editoras Érica e SENAC, diagramador, profissional de retoque de imagens, consultor gráfico, locutor, instrutor e coordenador de treinamentos e sócio da editora digital UpType.

Mauricio Brancalion

Formado em Artes Plásticas pela UNESP - IA, é professor, Desenhista e Designer. Sua formação multidisciplinar o levou naturalmente aos processos de criação e publicação Crossmedia.

Em 2005 foi consultor na criação do curso de Design Gráfico para a Abra - Academia Brasileira de Arte, em 2011 criou o curso de InDesign Avançado e o curso de iBookAuthors para o DRC Treinamentos.

Trabalhou com quadrinhos e ilustração para Folha de São Paulo, Uol e Editora Abril e agências de publicidade.

Atualmente mantém o Estúdio Brancalion de Desenho & Tecnologia realizando trabalhos para todos os níveis da indústria cultural e de entretenimento.

Sumário

Apresentação

Esse livro tem como objetivo mostrar aos alunos questões relacionadas com a utilização da ilustração nas mídias impressas, através das principais técnicas de desenho, estudo de luz, sombra e volume que são aplicados ao trabalho de ilustração, tipos de ilustrações como charges, tiras, quadrinhos e desenho de representação, além dos principais meios de produção de ilustrações sejam eles analógicos ou digitais.

Será feita uma abordagem sobre meios de digitalização de ilustrações analógicas, como câmeras fotográficas, scanners e até celulares, além dos principais softwares que podem ser utilizados para a elaboração e tratamento das ilustrações.

Ainda serão apresentados os principais tipos de papéis para impressão, suas características de impressão e porosidade, resolução adequada e os principais sistemas de impressão. Esses sistemas podem ser para grandes, médias e pequenas tiragens.

Também faz uma abordagem simples sobre os impressos personalizados, onde a ilustração pode ser utilizada.

Todos os assuntos são abordados de forma simples, porém, consistentes e muito claras para o melhor aproveitamento do leitor.

Os autores

12

Ilustração e Produção de Impressos

1

Desenho - Princípios e Fundamentos

Neste capítulo será abordada toda a teoria básica necessária ao aprendizado e desenvolvimento na prática do desenho artístico. Os principais fundamentos estão divididos em tópicos, e sempre no final, há exercícios propostos para você colocar em prática a teoria aprendida. O desenho é um ofício nato ou adquirido, e deve ser praticado sempre para alcançar seu aprimoramento.

1.1 O que é desenho?

Desenho é a tradução de ideias em formas, uma definição curta porém nada simples. A percepção visual e a psicologia das formas (*Gestalt*) estudaram todos estes fundamentos que permitem a criação das imagens. Hoje temos uma compreensão muito mais clara de que a expressão, o inconsciente e consciente estão intimamente ligados à produção de formas e desenhos. Cada um desses processos desenvolve ideias visuais em nossa mente, e cabem as ferramentas e materiais para as traduzirem graficamente. Muitos podem acreditar que desenhar bem é realizar um retrato fiel da realidade que nossos olhos observam, mas esse é apenas um dos pontos a alcançar dentro do desenho, pois sua prática e treino podem levar a uma capacidade criativa que ultrapassa a realidade observada. É nesse estágio que ocorre com maior precisão a tradução das ideias em formas. Neste capítulo vamos conhecer os fundamentos do desenho e os principais elementos e materiais que você pode utilizar para desenvolver uma ideia visual. Na Figura 1.1 podemos ver a diferença entre uma figura bidimensional, em que o traço não cria volume, e uma figura bidimensional, com volume de luz e sombra simulando volume tridimensional.

[...] Mais uma vez, nas sessões do esboço de nosso modelo, empregamos naturalmente nossos esforços para desenhá-lo, mas nossa atenção não está voltada tanto para copiar ou obter uma representação fotográfica, mas, em vez disso, para estudar e captar a essência das poses. (STANCHFIELD, Walt, 2009, p.26).

Figura 1.1 - Desenho de traço a lápis e desenho a lápis com esfuminho.

1.2 Desenho analógico e desenho digital

O desenho, desde seu surgimento, esteve ligado à tecnologia. Em qualquer época da humanidade o ofício de desenhar faz uso de ferramentas que permitem expressar as ideias em traços. O desenho como conhecemos, feito com lápis de grafite, vem ao longo dos últimos séculos sendo a tecnologia mais bem adaptada e que proporcionou a maior expansão de sua prática nos países e povos. Nos últimos 30 anos, porém, vivemos o avanço da tecnologia dos computadores eletrônicos, e hoje temos uma inovadora e jovem disciplina, comparada aos séculos de existência do lápis, denominada computação gráfica. Portanto, é indispensável, nos dias atuais, que um desenhista que queira ter uma formação completa se conscientize da necessidade de dominar as ferramentas analógicas e as ferramentas digitais e que compreenda suas particularidades. Antes de aprofundarmos as explicações, vale ressaltar que todos os tópicos a seguir servem como fundamentos universais da prática do desenho, esteja você desenhando em um ambiente analógico ou em um ambiente digital. O que muda são as técnicas direcionadas a cada ferramenta.

1.2.1 Ambiente analógico

Toda mesa de desenho com espaço e uma boa cadeira é o espaço necessário para a prática do desenho. Existem pranchetas de diversos tipos, portanto, resumindo, você precisa de um espaço físico que de preferência ainda possua algumas prateleiras e gavetas para você armazenar materiais, papéis e referências visuais. Há também uma prática comum aos desenhistas que é a utilização de um caderno de esboços, algo prático, que pode ser carregado no bolso ou em uma mochila e que permite que você realiza estudos visuais rápidos em trânsito, em meio aos seus afazeres diários. Muitos desses estudos podem acabar se tornando projetos finais na prancheta.

1.2.2 Ambiente digital

O ambiente digital se configura como um misto entre o espaço físico e o espaço virtual. É necessário um local para instalar os equipamentos em uma boa mesa e uma cadeira, porém as prateleiras e as gavetas acabam se resumindo a pequenos HDs (discos rígidos) que armazenam milhões de bytes. Os computadores necessitam de uma mesa digitalizadora ou de monitores *touchscreen,* e também de programas (softwares e aplicativos) para realizar a criação de uma imagem. Assim como no ambiente analógico, hoje temos notebooks, ultrabooks e tablets que permitem que o desenhista possa transitar com todo o seu estúdio para esboçar e até finalizar um projeto.

Figura 1.2 - Representação do ambiente analógico e digital.

1.3 Materiais

Existem diversos tipos de materiais, tanto analógicos quanto digitais. Vamos a seguir conhecer os principais para a produção do desenho desde o esboço até a arte-final.

1.3.1 Materiais analógicos

Defino como analógicos os materiais e insumos que possuem caráter natural ou sintético e que também não possuem qualquer ação contra o tempo. No máximo se consegue retardar a ação do tempo, mas pará-lo e a sua ação química nos materiais e insumos, uma vez tendo se iniciado um processo, é humanamente impossível. Portanto, muitos trabalhos feitos no período pré-computação gráfica são trabalhos em que o desenhista conta com sua habilidade, destreza, ambição e, acima de tudo, clareza para executá-lo. Esta é uma prova contundente para os mais puristas de que não se pode comparar uma arte analógica a uma arte digital.

Figura 1.3 - Bancada com diversos materiais de desenho.

1.3.2 Carvão e gizes

São instrumentos de desenho rudimentares e extremamente porosos, que permitem a cobertura de grandes áreas. O carvão pode ser trabalhado com esfuminho, possibilitando uma grande capacidade de tonalidades de cinza. Quanto mais poroso o papel melhores sua aderência e preenchimento. É possível utilizar vernizes acrílicos para sua fixação. Também é utilizado como instrumento para criar esboço em telas de pintura. Os gizes possuem características próprias, dependendo de seu modelo e matéria-prima. Encontram-se disponíveis em caixas com diversas cores, o que permite criar matizes e tonalidades gradativas em diversas cores, podendo alcançar muita riqueza de passagens tonais. Os gizes acetinados, muito utilizados em trabalhos escolares, possuem um brilho característico e uma adesão limitada entre as cores. São mais bem utilizados em superfícies porosas. Os gizes secos como o pastel possuem alto grau de mistura entre si. Podem ser encontrados em diversas cores e podem ser diluídos com o esfuminho, proporcionando passagens de tom extremamente uniformes e tonais. Funcionam muito bem em papéis e também podem ser fixados com vernizes acrílicos. Os gizes oleosos são outra opção cujo resultado difere dos outros dois anteriores. São extremamente maleáveis e possuem uma mistura muito parecida com a mistura da tinta a óleo, proporcionando coberturas extremamente sutis de passagem tonal. Sua aplicação muitas vezes é difícil. É preciso conhecer e testar bem suas propriedades para aplicá-lo a uma imagem final. Uma vez obtida a habilidade, pode-se fazer trabalhos secos porém de extrema vivacidade como em um trabalho com tintas.

1.3.3 Lápis

São os instrumentos mais evoluídos e versáteis; permitem alto grau de habilidade, são práticos de guardar e manusear, e permitem um controle minucioso sobre as etapas da produção do desenho. Os mais comuns para o desenho são os graduados, divididos entre o grau de dureza e porosidade do grafite. Permitem um grau de esboço e arte-final muito detalhado, com capacidade tonal extremamente elevada. Os lápis do tipo Contè são grafites misturados com argila ou carvão que dão ao trabalho ao trabalho um acabamento bem artístico e profissional. Os lápis de cores são versáteis e podem ser um primeiro instrumento para domínio dos trabalhos coloridos e do conhecimento da teoria das cores para o uso futuro de tintas. Estão disponíveis em diversos modelos e características e podem ser diluídos em água quando possuem pigmentos solúveis, facilitando o aprendizado da aquarela.

1.3.4 Pincéis e bastões

Os pincéis no desenho são instrumentos de difícil controle. Seus diversos tamanhos e formas dificultam ainda mais a aquisição da habilidade de seu uso. Porém, uma vez obtido domínio de seu uso, permitem um alto grau de expressão e personalidade, que imprime um traçado único. A arte japonesa do Sumi-e, a caligrafia e a arte-final das histórias em quadrinhos são bons exemplos do tipo e nível de traço que um pincel pode realizar. Os bastões, principalmente os de pastel seco, são instrumentos que permitem o preenchimento de grandes áreas. Para sua utilização como traço, é preciso trabalhar sobre papéis grandes, e assim a espessura de seu traçado pode ser mais bem controlada.

1.3.5 Penas e canetas

A pena é um instrumento tão antigo quanto o lápis. Suas pontas variadas permitem diversos tipos de traçados, desde os mais finos até os mais grossos. São instrumentos de extrema precisão, muito utilizados para traçados contínuos e permanentes, e atendem aos mais diversos tipos de trabalhos, podendo durar muitos anos quando armazenadas da maneira correta.

A caneta é o instrumento mais moderno do desenho, e nos últimos séculos sua tecnologia evoluiu muito. Hoje podemos encontrar os mais variados tipos para a confecção de diversos traços e em várias superfícies, além de serem instrumentos versáteis de fácil manuseio e transporte.

1.3.6 Réguas, esquadros, transferidores e compasso

Os instrumentos de desenho técnico são também muito utilizados no desenho artístico, exatamente por permitirem aprimorar e auxiliar no acabamento das artes. Vale lembrar que, ao reduzirmos as formas de diversos objetos e até mesmo da figura humana ou de elementos da natureza, sempre encontramos figuras elementares da geometria (círculo, quadrado, triângulo). Assim, os instrumentos técnicos permitem que apliquemos conceitos elementares da geometria para melhorar a proporção e a forma de um desenho artístico.

1.3.7 Materiais digitais

Definimos como digitais os materiais e ferramentas virtuais que possuem um caráter natural de neutralizar e parar o tempo. O desenho digital tira proveito exatamente onde o analógico não tem qualquer chance de sucesso. O desenho digital permite estender o tempo e o espaço (através das camadas) de uma imagem, favorecendo manipulações que no mundo real se tornam práticas difíceis de ser realizadas. No campo virtual a abordagem é atemporal, porém perde-se a alcunha definitiva do tempo que muitas vezes impede ao desenhista uma solução enérgica e indissolúvel.

Figura 1.4 - Bancada com equipamentos de desenho digital.

1.3.8 Mouse

O mouse é o instrumento mais antigo e rudimentar dos atuais dispositivos para desenho digital, porém, quando usado com destreza, permite a criação de desenhos com técnicas simples mas de impacto visual interessante. Desde sua invenção o mouse já evoluiu bastante, e a tecnologia atual permite mouses sem fio que dão bastante liberdade de uso. As técnicas que mais prevalecem são as que permitem a manipulação de pixels e pontos vetoriais, em que a expressão do traço é "construída".

1.3.9 Mesas digitalizadoras

Por muitos anos foi o material de maior habilidade e expressão já inventado, e ainda nos dias de hoje é o que tem o maior número de usuários para o trabalho de desenhar e colorir digitalmente. Trata-se de uma mesa plástica conectada ao computador que se torna uma base para o uso de uma caneta apropriada que permite transferir ao monitor do computador os traços realizados na base. O grande problema com esse tipo de dispositivo é separar, assim como no desenho cego, o olhar do gesto manual, pois enquanto a mão risca na base os olhos acompanham o resultado no monitor do computador.

1.3.10 Escâners de traço

Os escâners (scanners) de traço vêm ganhando adeptos nos últimos anos. São dispositivos que permitem um híbrido entre o processo analógico e o processo digital. Um dispositivo é encaixado na folha de papel e gera uma varredura da área do papel. Assim, todo traço que for feito naquela área é captado e digitalizado para o computador em formato de arquivos gráficos bitmap ou vetoriais. A vantagem é que o processo de desenhar volta para o princípio do desenho analógico, pois, novamente, você risca e observa o desenho em um mesmo local. Outra vantagem é que você consegue ter um original a traço de sua arte e ainda ter a versão digitalizada para manipulação futura no computador. A desvantagem é que os dispositivos atuais não permitem que se utilize qualquer material analógico, pois muitos deles só captam traços feitos com uma caneta esferográfica específica.

1.3.11 Monitores touchscreen

Nos últimos anos houve um aumento considerável das opções de monitores touchscreen que podem ser acoplados a um computador ou até mesmo vir com um computador embutido (all in one). Esse tipo de monitor permite que o desenhista utilize os principais softwares de computação gráfica em uma superfície que se assemelha a uma prancheta ou mesa de luz tradicional. É possível realizar gestos muitos naturais como no desenho tradicional, uma vez que o olhar e o gesto manual se encontram na mesma superfície. A maioria dos modelos utiliza canetas com alto grau de sensibilidade, permitindo que seja passada com precisão para a tela a pressão da mão do desenhista, resultando em trabalhos com mais originalidade e expressão pessoal.

1.3.12 Tablets e smartphones

Outra opção que vem ganhando espaço e adeptos são os dispositivos touchscreen que, teoricamente, não foram desenvolvidos para o desenho, mas que, graças a aplicativos sofisticados e canetas com tecnologias inovadoras, tornaram-se uma opção econômica para quem quer ingressar no desenho digital. Outro fator interessante é a facilidade de transporte desses dispositivos, que pode de fato ser encarado como um Moleskine digital.

1.3.13 Softwares e aplicativos

O desenho digital não seria possível apenas com o avanço dos dispositivos de *hardware*, pois a evolução dos *softwares* é tão importante quanto a evolução dos materiais. Atualmente existem softwares específicos para o desenho digital em todas as plataformas, desde as plataformas Windows, Linux e Mac até os sistemas operacionais mobile como iOs, Android e Windows Phone. A evolução das placas de vídeo e de tecnologias como OpenGL permitiu a fabricação de softwares como rotação total da área de desenho, facilitando muito o manuseio. Também as tecnologias atuais permitem ampliações para realizar detalhes em arte Bitmap, e a possibilidade de se criar imagens em traço vetorial mantendo as características vetoriais.

1.4 Elementos do desenho

Uma vez conhecidos os materiais, é preciso conhecer os sinais visuais gerados por eles. Os elementos do desenho permitem que a imagem seja compreendida, pois todo desenho criado possui ao menos um desses elementos, e a variação de suas formas, tamanhos, intensidade e força expressa diferentes sensações visuais, além de traços e estilos. Ao realizar um desenho, a intenção de nossa mente criadora deve ser representada com clareza pelos elementos visuais, criando assim uma imagem que a represente e a defina.

1.4.1 Ponto

O ponto é a menor unidade gráfica para interferência do espaço. Ao inseri-lo em uma área ou folha de papel, você determina o "campo visual", permitindo assim que seu cérebro mapeie a área e crie as primeiras relações visuais entre as margens do papel e o ponto inserido. Dependendo da dimensão do ponto inserido, uma série de relações pode ser criada, indicando direção, posição e equilíbrio.

1.4.2 Linha

A linha, por definição, é um conjunto de pontos. Quando reta, determina a menor distância entre dois pontos, e quando sinuosa determina a relação espacial entre dois pontos. A linha é no desenho o instrumento de maior conexão com a relação entre forma e estrutura; é através de seu emprego que se define o limite da forma. No desenho bidimensional, a linha pode ser empregada para criar formas lineares sem volume, formas com volume e formas com profundidade (perspectiva, escorço etc.). A linha é o elemento que define o desenho e o limite das formas.

1.4.3 Plano

Plano é o elemento que permite a criação da profundidade no desenho; é obtido com a conexão entre as linhas, e geralmente determinado por figuras geométricas básicas que auxiliam na compreensão do espaço. A sobreposição é a primeira maneira de gerar profundidade, porém a perspectiva e o escorço permitem uma ilusão de ótica que cria um campo tridimensional em uma imagem bidimensional.

1.4.4 Volume

O volume é a capacidade de transformar uma imagem bidimensional em uma imagem tridimensional; ele pode ser linear, quando sua construção cria ilusão tridimensional apenas com as linhas, ou cromático, quando se utilizam os conceitos de luz e sombra na superfície das formas para criar a ilusão tridimensional.

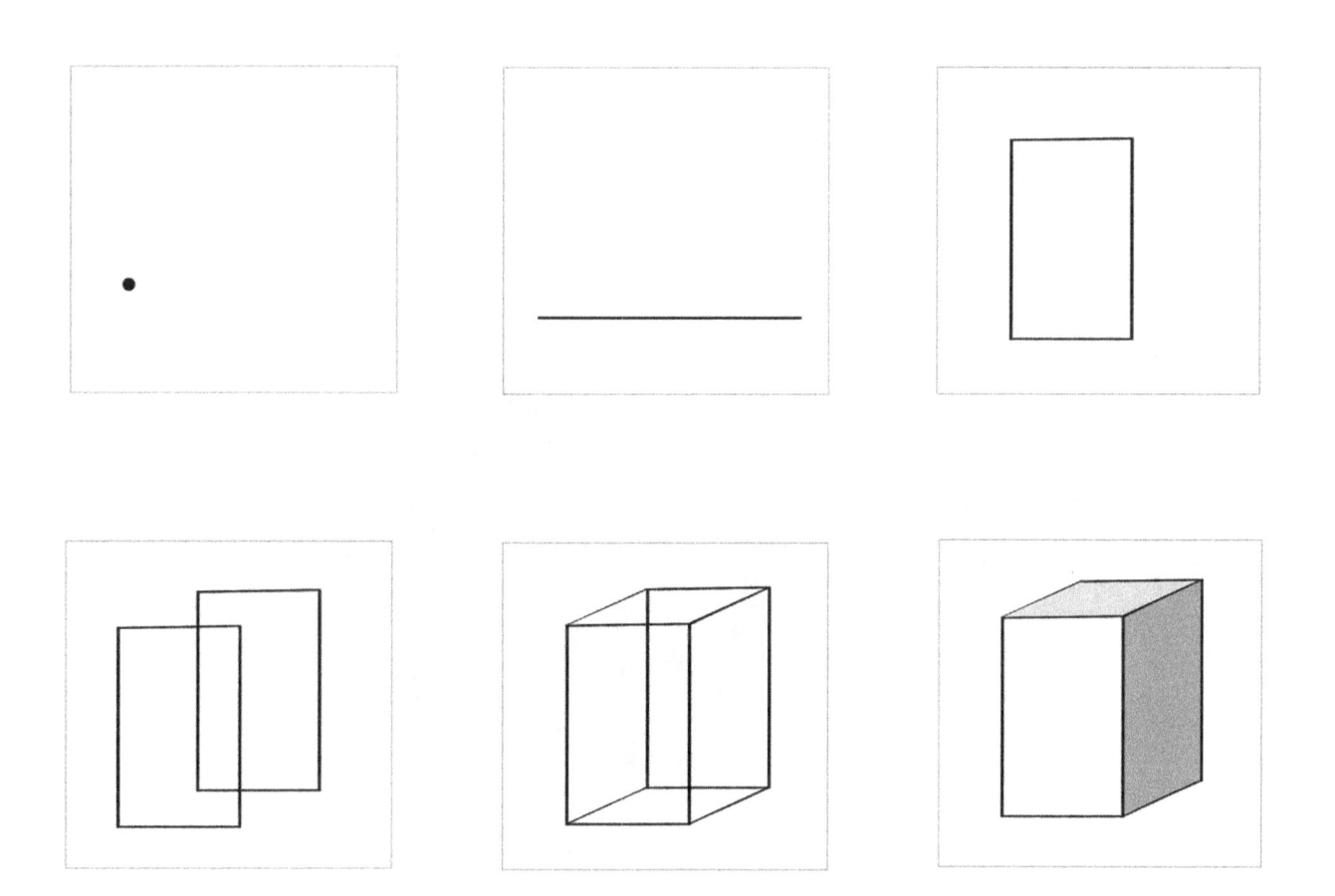

Figura 1.5 - Representação dos elementos do desenho no espaço.

1.4.5 Luz e sombra

A técnica de luz e sombra define e produz a sensação de volume. Seu conceito pode ser utilizado em todas as técnicas e materiais. No desenho a lápis é possível utilizar o grafite graduado (HB, B, 2B, 3B, 4B, 5B, 6B, 7B, 8B e Integral) para realizar a gradação cromática, ou ainda utilizar os esfuminhos, lápis feitos de papel enrolado e prensado, também graduados (1 a 6), que permitem diluir a gradação cromática, eliminando a visibilidade dos intervalos entre os valores da escala de cinza. Adquirir a habilidade da luz e sombra no lápis é extremamente importante para utilizar outros materiais secos, úmidos ou digitais. O papel, sua qualidade e rugosidade também auxiliam para uma melhor prática e resultado no volume. É importante estudar as superfícies a serem representadas (madeira, vidro, plástico metal etc.) já que cada material pede um tipo de aplicação de luz e sombra para se representar graficamente.

Figura 1.6 - Volume em desenho bidimensional com uso de variação tonal.

1.4.6 Perspectiva

O desenho de perspectiva é uma técnica que permite a representação tridimensional em um plano bidimensional, criando uma ilusão de ótica ao fazer convergir o olhar para um ponto (fuga) em uma relação de aproximação/afastamento, ampliando a profundidade dos planos visuais.

1.4.6.1 Linha do horizonte

De acordo com a posição fixa do observador, é possível traçar uma linha paralela chamada linha do horizonte. Sua altura em relação às margens do papel determina a posição do olhar do observador. O mais comum é posicioná-la na altura dos olhos, porém, se você quer uma representação mais vertical, a linha deve ser posicionada mais próximo da margem inferior; se você quiser uma visão com vista superior, a linha deve se aproximar da margem superior.

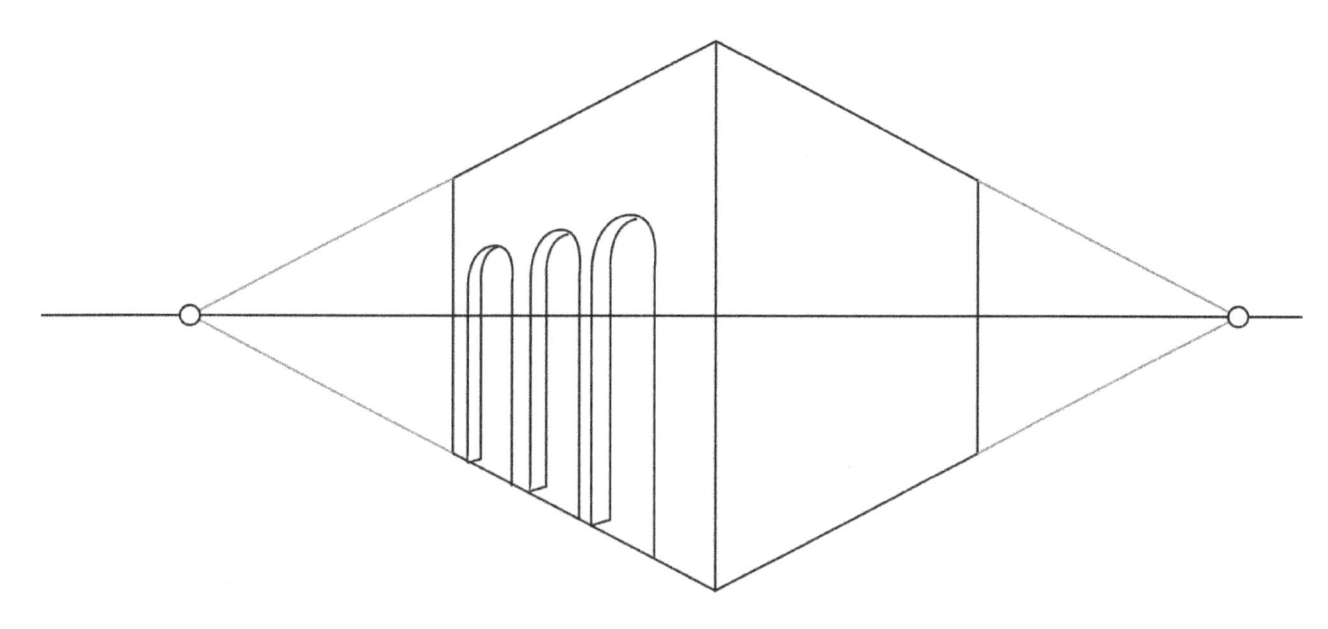

Figura 1.7 - Linha do horizonte.

1.4.6.2 Ponto de fuga

Uma vez traçada a linha do horizonte, é possível definir um ponto em que as linhas convergem para criar a ilusão de profundidade entre a distância do observador e do ponto de fuga. Às vezes, dependendo da posição, o ponto de fuga pode ficar localizado fora da área do papel; na verdade, usa-se um papel maior e no final recorta-se a área destinada à cena escolhida.

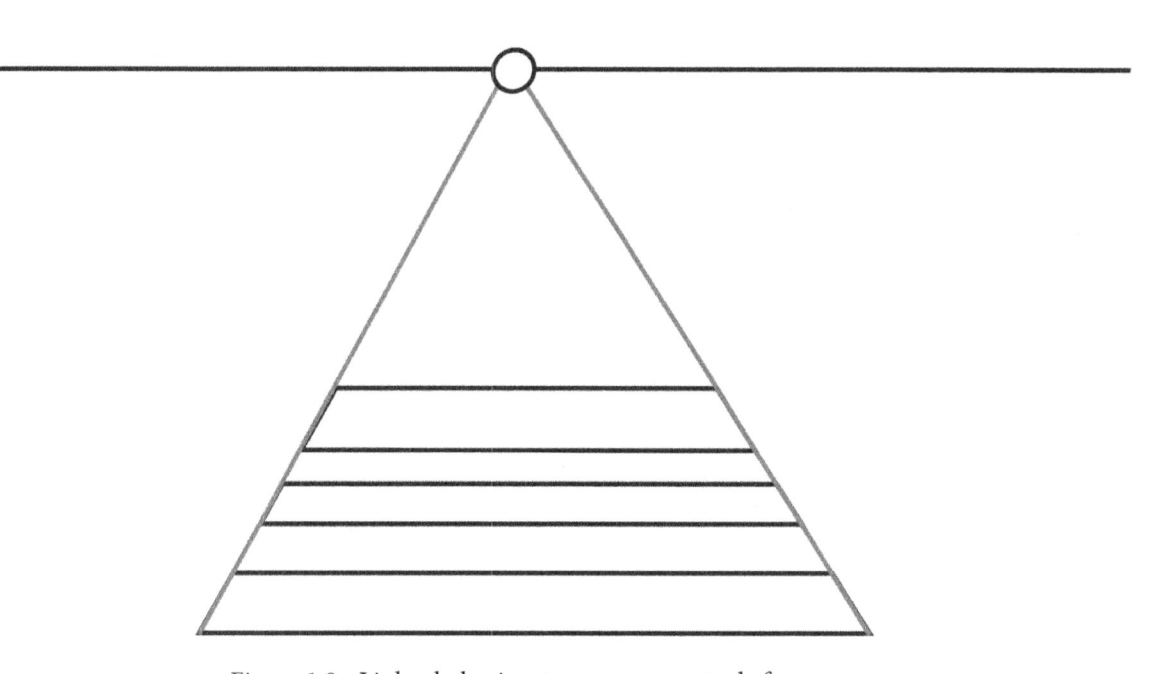

Figura 1.8 - Linha do horizonte com um ponto de fuga.

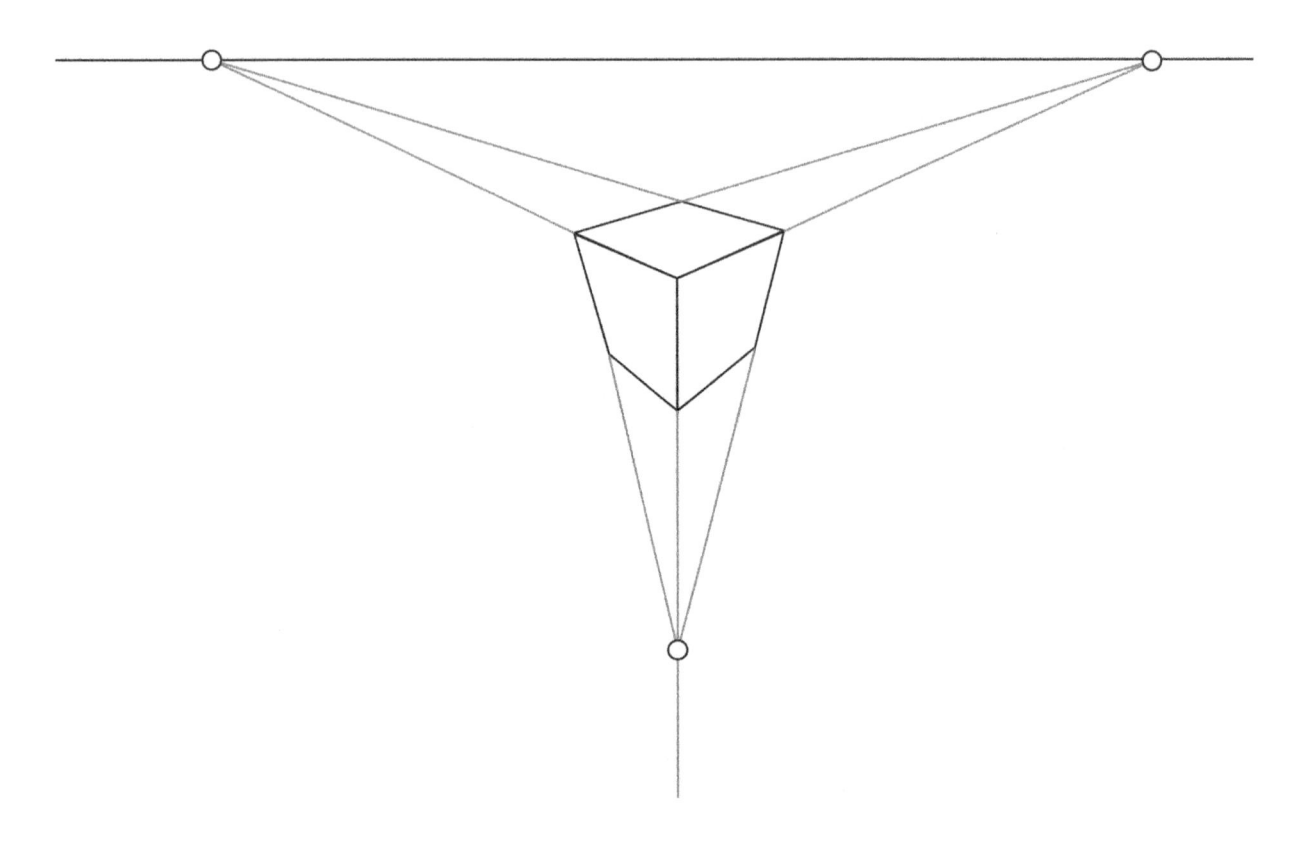

Figura 1.9 - Linha do horizonte com dois pontos de fuga.

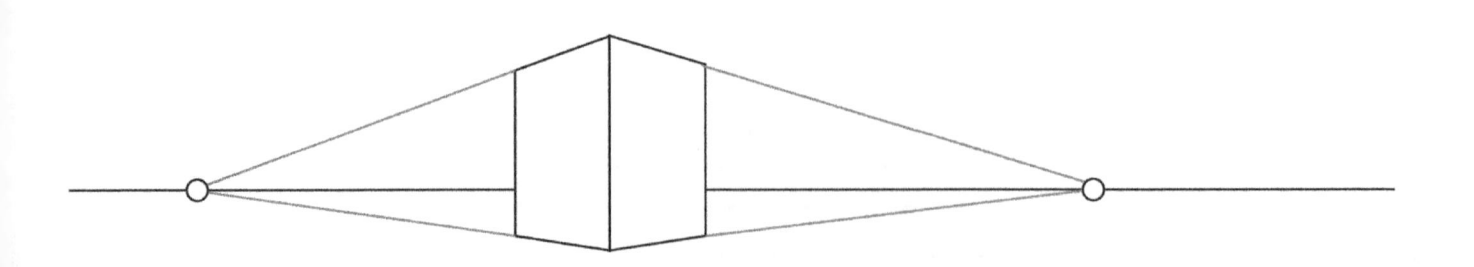

Figura 1.10 - Linha do horizonte com três pontos de fuga.

1.5 Principais técnicas de desenho

Uma vez compreendidos os principais fundamentos do desenho e com eles ter adquirido a possibilidade de experimentar o desenho expressivo, o próximo passo é incluir uma metodologia técnica. A técnica permite melhorar a clareza e, também, aumentar a velocidade de produção. Profissionalmente, essa é uma evolução necessária, porém é preciso lembrar que a técnica está a serviço da expressão, da originalidade e da intenção do desenho, e não deve se tornar um elemento que sobreponha erros ou falhas do estudo dos fundamentos. É muito comum que o desenhista se encante com as possibilidades técnicas que aprende e passe a venerar o efeito que elas podem incluir em seu trabalho, mas deve lembrar-se que a técnica é algo ou um conjunto de procedimentos a serviço de todos, portanto, precisa fazer parte do desenho mas não tornar-se seu elemento principal.

A seguir apresentamos algumas técnicas, divididas em dois grupos, o analógico e o digital. Você vai perceber que hoje já dispomos de técnicas distintas para cada meio, não tendo necessidade de as técnicas digitais se espelharem por completo nas analógicas para chegarem aos mesmos resultados visuais. Cada meio tem suas ferramentas e suportes, e é importante conhecê-los e dominar seu uso. Vale lembrar ainda que você pode utilizá-los juntos, aumentando sua capacidade de criação visual.

1.5.1 Analógicas

1.5.1.1 Garatuja

Trata-se de uma técnica simples que utiliza o esboço e a "mancha" gráfica para gerar um "campo visual". Para utilizá-la basta um lápis 6B, integral ou carvão. A ideia é preencher aleatoriamente uma parte da folha criando nuances e formas orgânicas. Isso lembra o teste psicológico de Rorschach, em que se apresenta

Figura 1.11 - Exemplo da técnica garatuja.

uma mancha visual e pede-se à pessoa para dizer o que está vendo se formar na mancha. É uma prática muito interessante para misturar consciente/inconsciente visual e os hemisférios direito e esquerdo do cérebro. Pode-se utilizar uma mesa de luz para separar a mancha do resultado linear em outro papel.

1.5.1.2 Linear

Trata-se de uma técnica que utiliza o traçado contínuo, evitando retirar o lápis do papel e preenchendo a área do papel com voltas e contornos sobrepostos. Aqui, também é gerado um "campo visual" no qual em um segundo momento é possível retirar formas e encontrar sugestões de traço para iniciar um desenho. É uma técnica de desbloqueio do cérebro, e permite ampliar o entendimento do volume linear.

Figura 1.12 - Exemplo de técnica linear.

1.5.1.3 Geométrica

É uma das técnicas mais difundidas em função da sua capacidade de "esquematizar" uma imagem em passos definidos. É amplamente utilizada no ensino da maioria de métodos de desenho. A técnica consiste em desenhar formas geométricas básicas (retângulo, quadrado, círculo e triângulo) juntamente com linhas de apoio que dividem as figuras para criar um "campo visual" geométrico em cujos limites se encaixa a figura desenhada. É um método eficiente para quem já desenvolveu a percepção visual. Para iniciantes no "olhar" do desenho, pode ser extremamente castradora, uma vez que qualquer traço que demonstre desequilíbrio ou a falta de habilidade em dar proporção às figuras gera uma enorme frustração ao iniciante.

Figura 1.13 - Exemplo de técnica geométrica para composição de estruturas e formas.

1.5.1.4 Mesa de luz

A mesa de luz é uma ferramenta que permite desenhar em uma técnica em camadas. Como emite uma luz de baixo para cima, a mesa permite que a maioria dos papéis com gramatura leve se torne translúcida, permitindo que a produção de esboços, arte-final, pinturas e colorizações fiquem em folhas separadas. Outra opção é criar composições que são complexas quando se tenta de uma só vez em uma única folha, pois proporções e sobreposições podem ficar sem equilíbrio.

Figura 1.14 - Mesa de luz para arte-final
em papel separado.

1.5.1.5 Expressiva

Essa técnica permite juntar as técnicas anteriores para compor desenhos com perspectivas incomuns, proporções variadas, utilizando manchas gráficas, manchas lineares e contrastes. A ideia aqui é livre expressão; para um contato inicial, pode ter um fim figurativo ou abstrato. É importante perceber como o inconsciente se revela, e depois o consciente vai encontrando na representação visual sugestões para traços e imagens que se desprendem da necessidade figurativa/realista. Muitos trabalhos das conhecidas vanguardas do século XX se valeram dessas ideias para alcançar uma nova gama de imagens visuais.

Figura 1.15 - Exemplo de técnica expressiva.

1.5.2 Digitais

1.5.2.1 Linear Bitmap

Essa técnica permite utilizar desde softwares simples até softwares bem complexos para imagens bitmap. A unidade de medida das imagens bitmap é o pixel. Portanto, em imagens mapeadas em sequência de linhas e colunas como uma matriz, é possível quadricular uma imagem e definir para ela um mapa de pixels. Os pixels não se sobrepõem; o que eles podem ter são "bits" de profundidade. Assim, o mapa de bit é formado por quadrados sequenciais, um ao lado do outro, e quanto maiores sua quantidade e diferença tonal, mais riqueza de detalhes a imagem terá. Existem várias ferramentas de simulação de variações tonais como o lápis analógico: ferramentas como Mancha/Smudge permitem simular os sombreados digitalmente, assim como os esfuminhos no papel, e diversos tipos de pincéis digitais podem simular a porosidade do grafite e a rugosidade de papéis. Há diversos tipos de mesas digitalizadoras e canetas para telas touchscreen que podem captar a pressão exercida pela mão e criar diferentes traços e preenchimentos.

Figura 1.16 - Exemplo de desenho digital bitmap.

1.5.2.2 Linear vetorial

A técnica vetorial permite criar imagens que independem de resolução, ou seja, são imagens que não são criadas com pixels e portanto não são bitmaps. As imagens vetoriais são criadas a partir de funções matemáticas, e por isso podem ser recalculadas pelo computador quando necessitam de mais ou menos resolução. Isso é o mesmo que dizer que um desenho de 1 cm pode se tornar um desenho de 1 metro ou 100 metros: para tal mudança, o computador vai apenas recalcular a nova dimensão, porém o desenho continua o mesmo. Ferramentas como Forma/Pathfinder permitem realizar fusão, quebra, sobreposições e aparar formas, possibilitando obter-se um traçado através da sobreposição de formas. Portanto, o desenho linear vetorial pode ser produzido desde uma ligação ponto por ponto até a sobreposição de formas.

Figura 1.17 - Exemplo de desenho digital vetorial.

Vamos recapitular?

Neste capítulo aprendemos os princípios que regem o ofício do desenho e as semelhanças e as diferenças entre o desenho analógico e o desenho digital. Também conhecemos e aprendemos a utilizar os materiais de desenho e seus elementos – que são indispensáveis para a criação. Vimos ainda os fundamentos técnicos para ampliar a capacidade visual do desenho e sua interpretação.

Agora é com você!

1) Escolha um desenho de um artista que você aprecie. Faça uma cópia de observação da maneira mais livre possível, deixando que seu cérebro e seus movimentos manuais realizem a cópia livremente (no papel e no computador).

2) Agora usando o mesmo desenho faça um desenho cego. Você vai fixar seus olhos apenas na imagem observada e deixar sua mão correr livremente pelo papel, sem que você olhe para seu desenho. Você pode fazer pausas para descansar, mas mantenha a ponta do lápis sempre pressionada no papel no ponto em que você parou (apenas papel).

3) Neste exercício você deve encontrar a relação entre as formas geométricas que estão "invisíveis" na figura; descubra e risque sobre o desenho modelo figuras geométricas básicas, como retângulo, quadrado, círculo e triângulo. Reproduza essas formas em sua folha de papel e tente desenhar as formas do desenho a partir das figuras geométricas (apenas papel).

4) Neste exercício utilizamos a técnica da "garatuja", ou mancha gráfica. Com o lápis 6B, inicie movimentos rápidos que preencham o papel criando uma área visual. Se quiser, coloque uma música ambiente para ajudá-lo a modificar o ritmo com que desenha. Utilizando uma mesa de luz, coloque uma folha em branco por cima da anterior e tente encontrar relações lineares que formem uma ou mais figuras. (Utilize a técnica de camadas e faça no computador também.)

5) Faça variações do desenho anterior tentando representar a mesma forma com outros estilos de traço. Exercite ao máximo que puder, recolhendo informações visuais mais variadas, através de livros, programas de TV, filmes, desenhos animados, embalagens publicitárias e fotografias (no papel e no computador).

6) Pegue os lápis 2B, 6B e Integral e uma folha de papel poroso (Canson). Faça um movimento contínuo do punho riscando a folha e colocando bastante pressão para iniciar com o tom mais escuro que o lápis alcança. Conforme vai preenchendo a área, gradativamente retire a pressão. e assim você vai obter um preenchimento linear gradativo do tom mais escuro até o branco do papel. Faça uma linha para cada lápis. Refaça este exercício no computador utilizando o máximo de lápis que seu programa tiver.

7) Neste exercício repita o procedimento anterior e depois, usando o esfuminho, aumente a gradação dos tons de cinza do preto até o branco do papel. Refaça no computador utilizando as ferramentas de sombreamento.

8) Crie um desenho de figura humana, utilizando uma técnica de composição e a técnica do lápis de cor para finalizar (papel e computador).

9) Pegue uma revista que tenha fotos de paisagens ou de interiores de casas. Recorte e cole em uma folha de papel A3. Encontre a linha do horizonte e os pontos de fuga (caso tenha mais de um) e trace suas localizações (eles podem se encontrar fora da fotografia, para isso use a área restante do papel). Refaça este exercício no computador utilizando um software que tenha uma grade/grid de perspectiva.

10) Crie um desenho usando uma técnica analógica e finalize em suporte físico analógico. Crie um desenho usando uma técnica digital e finalize em um arquivo digital.

2

Cores - Fundamentos, Propriedades e Percepção

Para começar

Neste capítulo serão abordados os conceitos da teoria das cores e suas práticas. Os principais fundamentos estão divididos em tópicos, e sempre no final há exercícios propostos para você colocar em prática a teoria aprendida. As cores podem ser utilizadas pura e simplesmente para a estética de um desenho ou ilustração, porém, se utilizadas com os conhecimentos harmônicos do disco das cores, é possível que tenham influência psicológica e se tornem um item importante para a comunicação da mensagem e sua assimilação.

2.1 O que é cor?

Cor, em sua definição geral, é um processo luminoso processado pela retina e que cria uma percepção visual das frequências do processo luminoso decodificadas como tonalidades. Dentro dessa definição geral temos uma parte destinada aos pigmentos que geram as cores, e que podemos utilizar para a produção dos meios impressos. Novamente, com a evolução das tecnologias atuais, o desenhista e o ilustrador passaram a utilizar o computador para criar suas imagens, acrescentando o espectro luminoso em seu trabalho. Portanto, hoje um desenhista precisa conhecer um espaço de cor (Gamut) muito maior do que anteriormente, quando era apenas um desenhista analógico.

Todo estudo das cores se inicia com o aprendizado dos disco das cores, teoria que permite compreender que todas as cores do espectro estão dispostas por uma ligação que lhes permite desenvolver várias relações entre si. Assim temos:

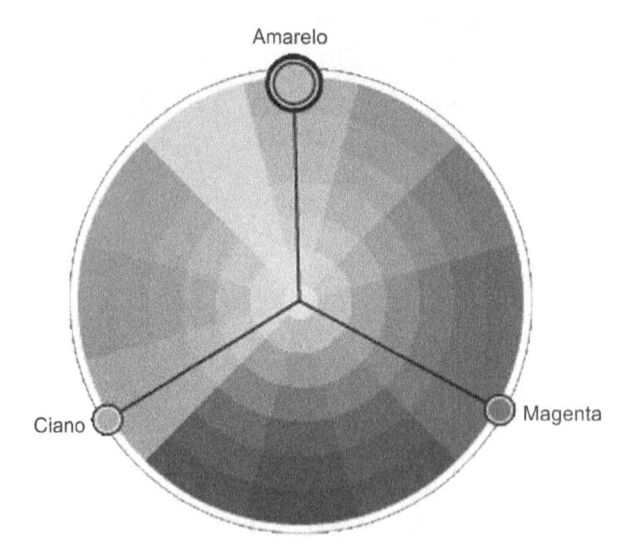

Figura 2.1 - Disco das cores.

2.1.1 Cores primárias

São as cores que não necessitam de mistura para existir, ou seja, são encontradas com tons puros; é o caso do Ciano, do Magenta e do Amarelo. Essas cores ocupam distâncias idênticas no disco das cores e criam um triângulo equilátero entre suas posições. A partir desses três tons puros podemos, por meio de misturas, criar todas as outras cores do disco.

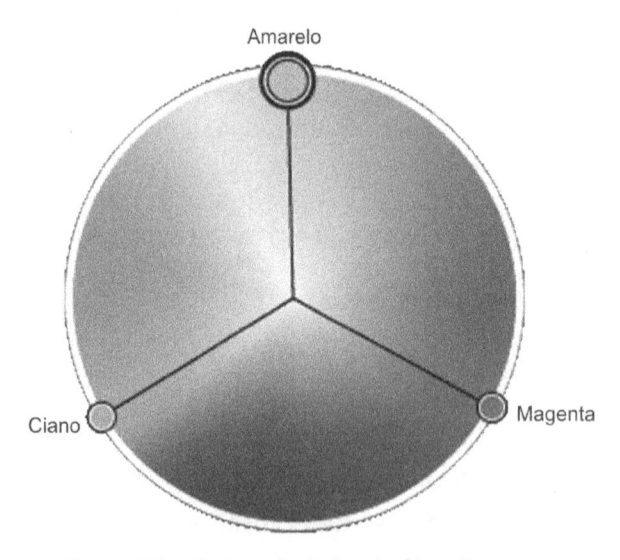

Figura 2.2 - Cores primárias no disco das cores.

2.1.2 Cores secundárias

As cores secundárias são resultado da mistura das cores primárias entre si, ou seja, ao misturar o ciano puro com o magenta puro, por exemplo, consegue-se a maior concentração de púrpura ou um roxo bem forte. O que vai definir se esse púrpura é mais puxado para os tons azuis ou mais puxado para os tons vermelhos e a quantidade de cada cor primária em relação a outra. Dessa forma você consegue realizar um grande número de tons.

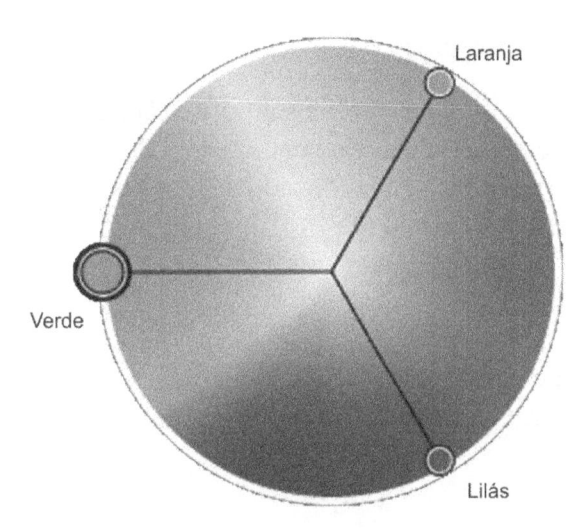

Figura 2.3 - Cores secundárias no disco das cores.

2.1.3 Cores terciárias e quaternárias

A partir da lógica empregada, a mistura entre as cores primárias e secundárias vai ampliando a gama de tonalidades, e assim surgem os tons terciários, quaternários e assim por diante. Os terciários também são chamados de tons pastel, tonalidades em que as forças de contrastes dos tons puros estão bem diluídas, gerando cores com frequências que geram um conforto visual muito grande e amplamente utilizadas no refinamento dos desenhos e ilustrações.

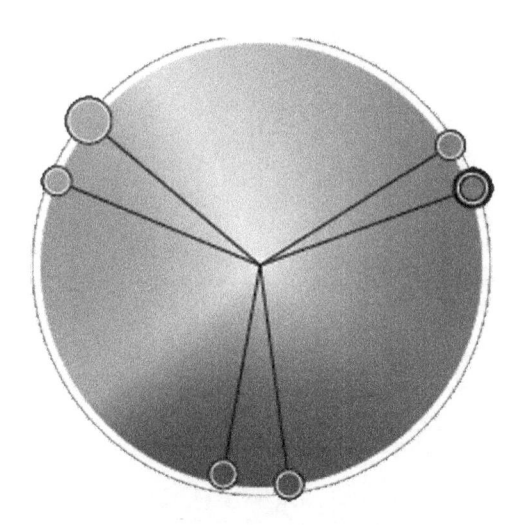

Figura 2.4 - Cores terciárias e quaternárias no disco das cores.

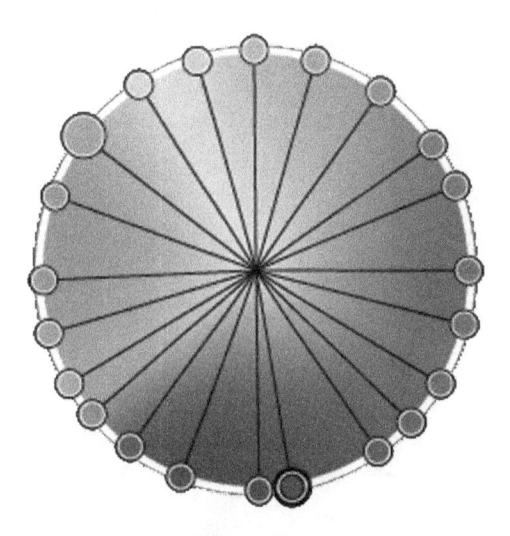

Figura 2.5 - Disco das cores completo.

Amplie seus conhecimentos

Disco de Newton é um dispositivo utilizado em demonstrações de composição de cores. Recebeu esse nome pelo fato de o físico e matemático inglês Sir Isaac Newton ter descoberto que a luz branca do sol é composta pelas cores do arco-íris.

Ao entrar em movimento, cada cor do disco de Newton se sobrepõe em nossa retina, dando a sensação de mistura. Com velocidade suficiente e as cores corretas, o disco dá a ilusão de ficar de cor cinza ou branco.

2.2 Harmonia das cores

Uma vez compreendidos o disco das cores e sua formação, agora podemos aprender as relações entre as cores e assim utilizar de maneira planejada em nossos desenhos e ilustrações. As relações basicamente são linhas que atravessam o disco ligando as cores entre si e dessa forma criando uma relação. A seguir temos as principais relações utilizadas:

2.2.1 Análogas

São as tonalidades adjacentes ao tom base escolhido, ou seja, as tonalidades que estão à esquerda e à direita do tom base. Geralmente criam harmonias com tonalidades muito próximas.

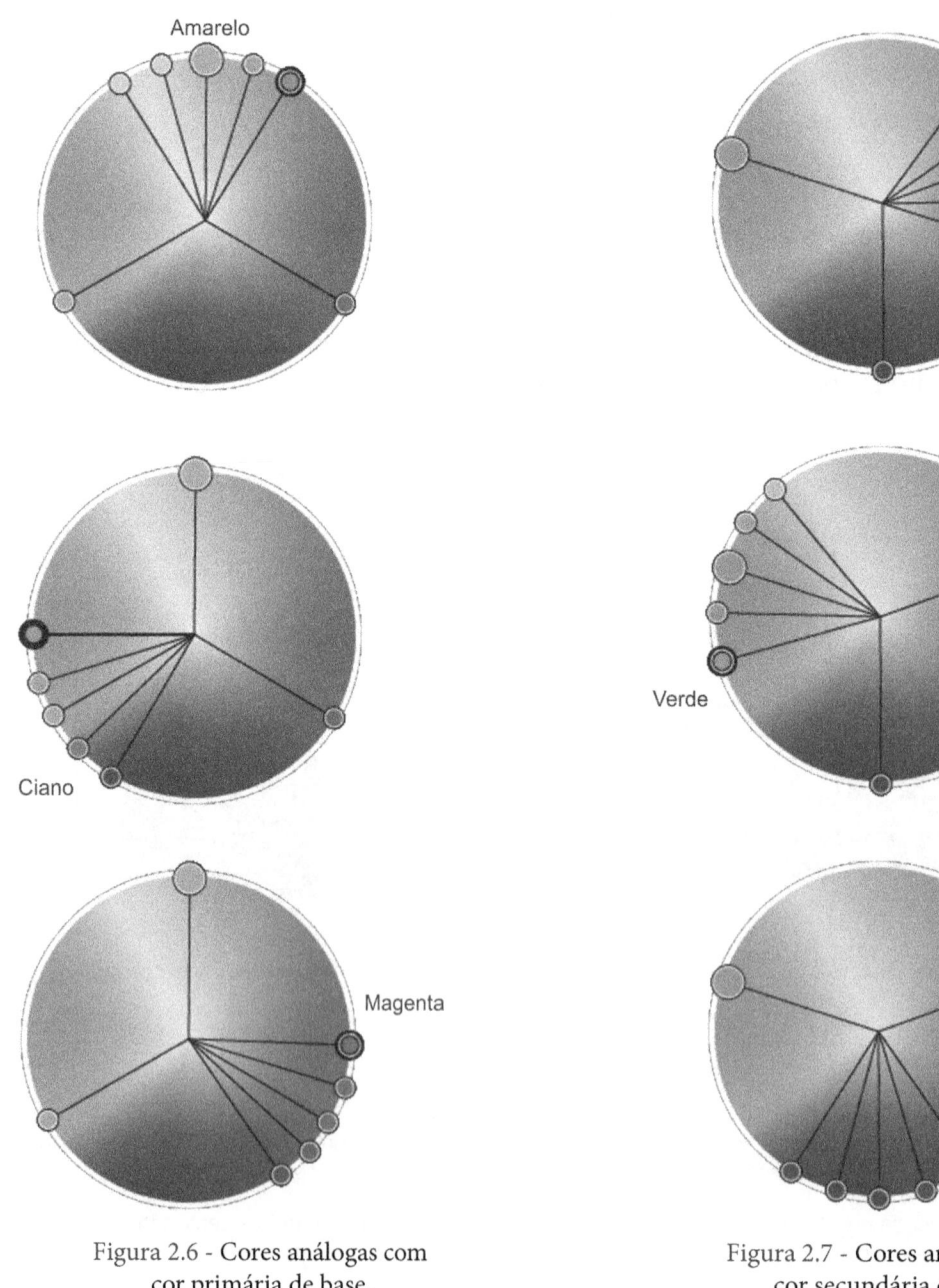

Figura 2.6 - Cores análogas com cor primária de base.

Figura 2.7 - Cores análogas com cor secundária de base.

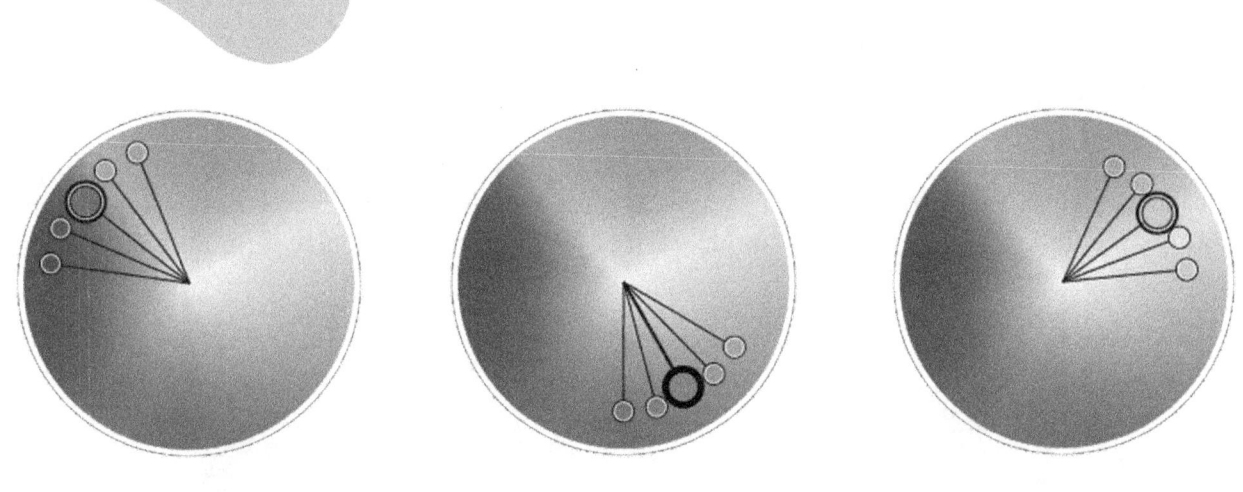

Figura 2.8 - Cores análogas com cor terciária de base.

2.2.2 Complementares

São as tonalidades na direção inversa ao tom base do disco das cores. Possuem uma relação direta entre os tons e são muito utilizadas em criações publicitárias. As complementares mais utilizadas são o azul com o laranja, o vermelho com o verde e o roxo com o amarelo, ou seja, uma cor primária com uma cor secundária.

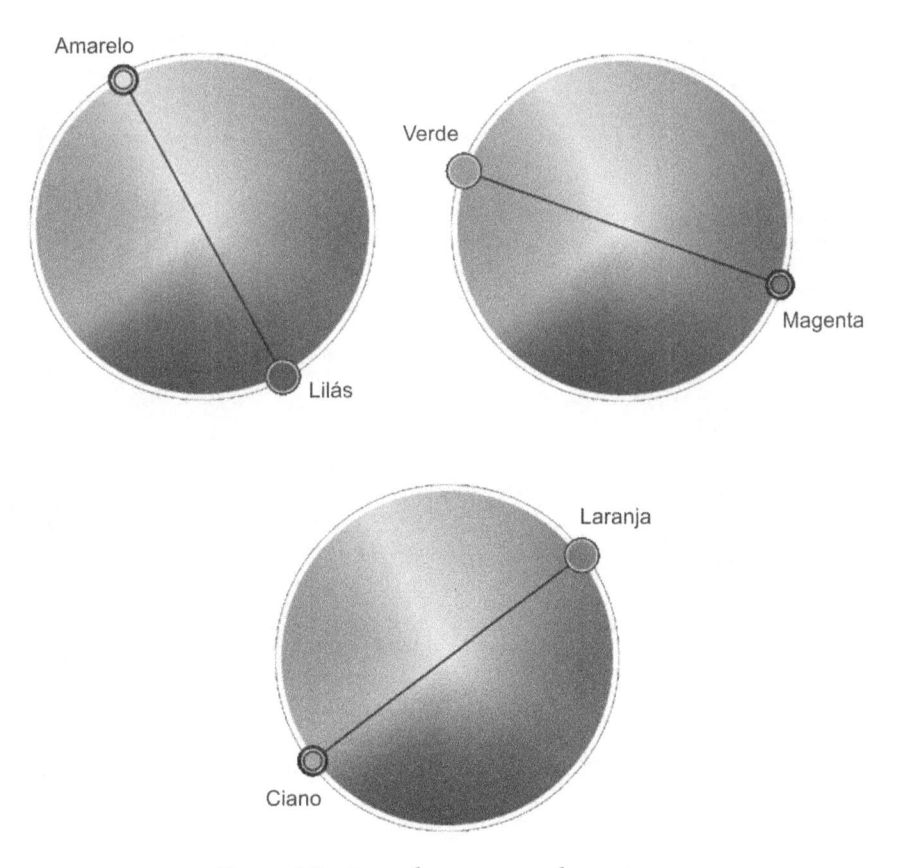

Figura 2.9 - Pares de cores complementares.

2.2.3 Monocromáticas

São as tonalidades formadas a partir da adição de brilho ou contraste ao tom base, portanto não são uma variação de tons, mas apenas a mesma tonalidade mais clara ou mais escura. São amplamente utilizadas para estudos de valores tonais, contraste entre figura e fundo e luz e sombra.

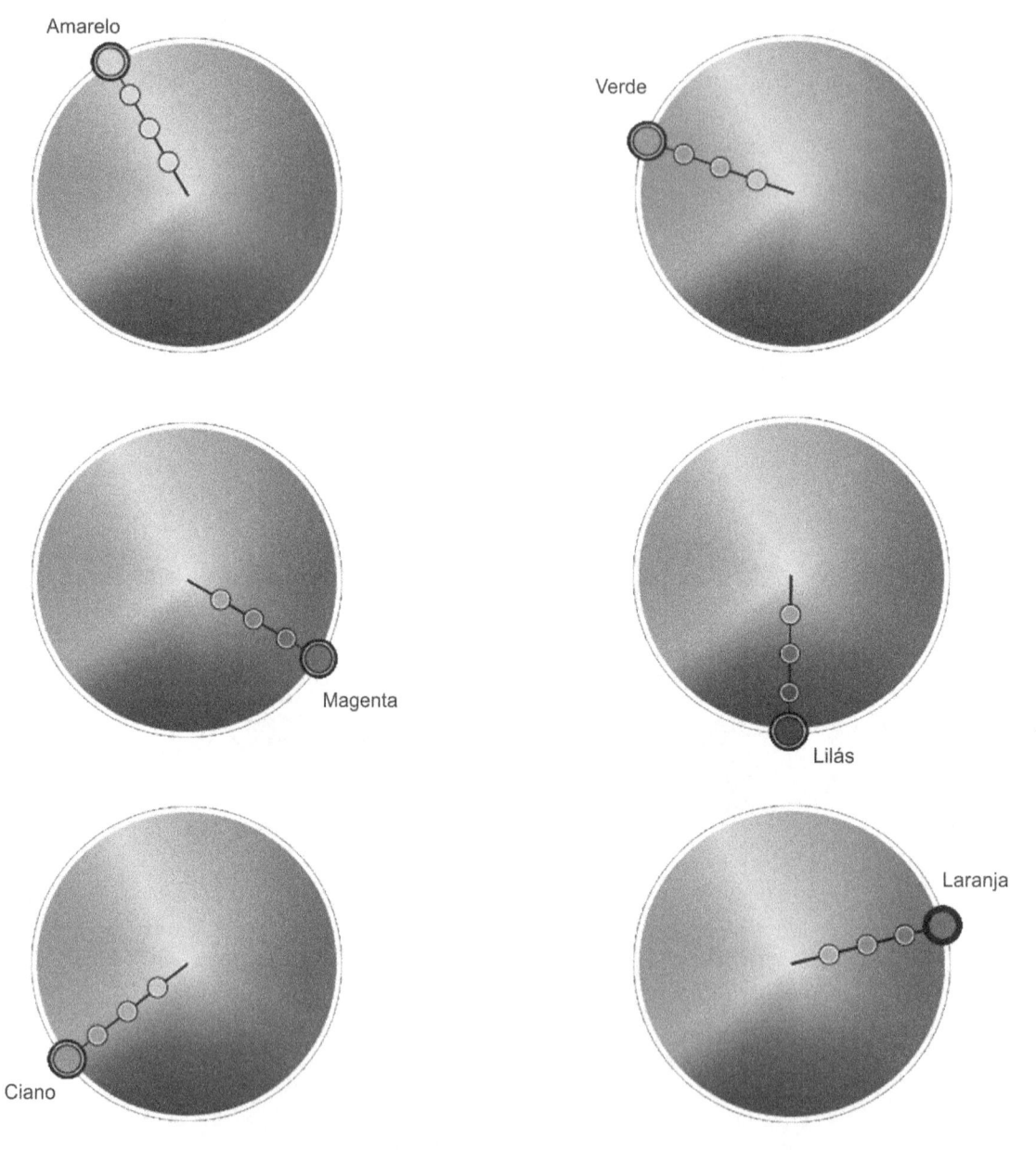

Figura 2.10 - Harmonia monocromática primária.

Figura 2.11 - Harmonia monocromática secundária.

2.2.4 Tríades

São tonalidades que permitem conectar tons de diferentes posições no disco das cores, possibilitando um maior intervalo tonal. É possível criar harmonias bem intensas e às vezes até mesmo incomuns, mas em sua maioria com muita utilização.

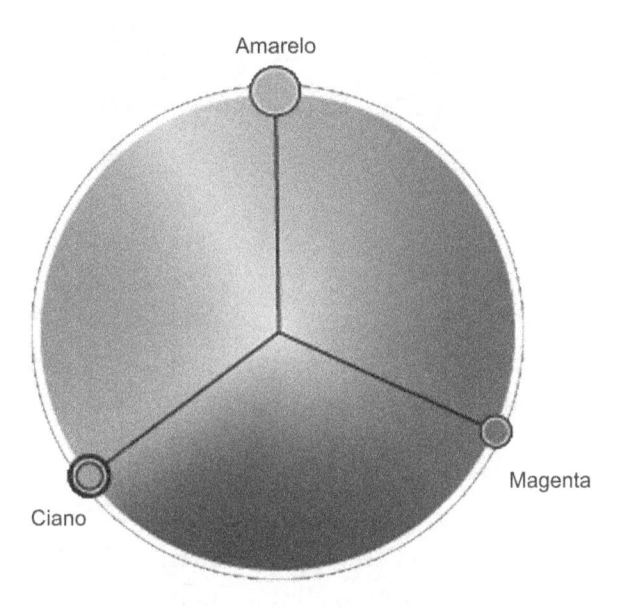

Figura 2.12 - Tríades primárias.

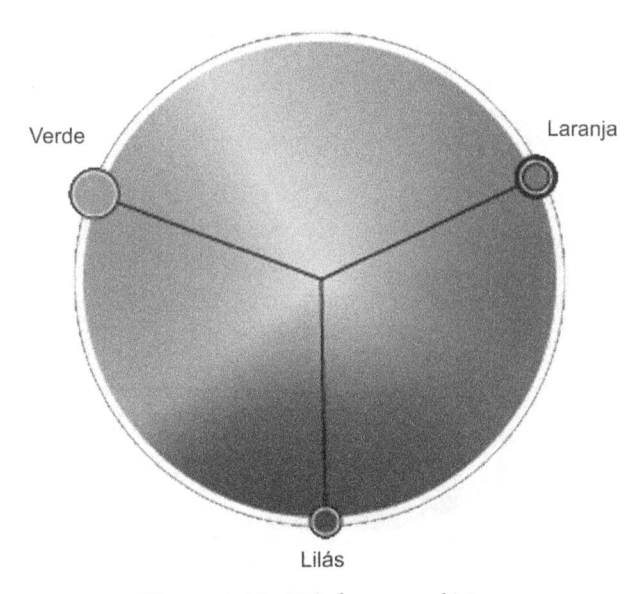

Figura 2.13 - Tríades secundárias.

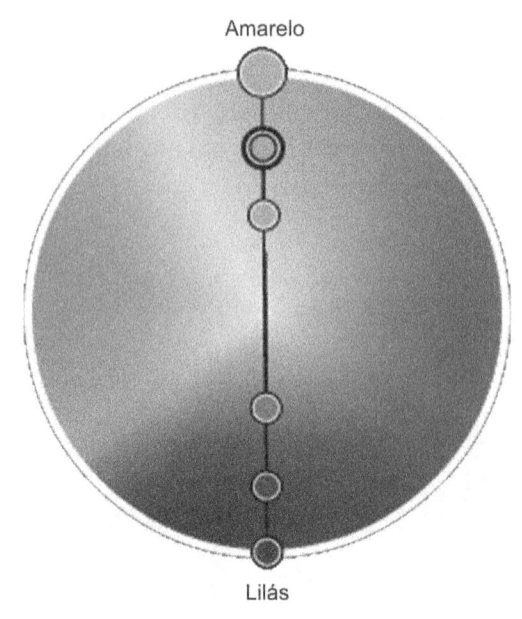

Figura 2.14 - Tríades com complementares.

2.2.5 Tétrades

São tonalidades que, assim como as tríades, permitem criar harmonias com mais tons em intervalos mais distantes. São necessários muitos testes, inclusive de contraste e brilho, para utilizar harmonias com tons que funcionem entre si.

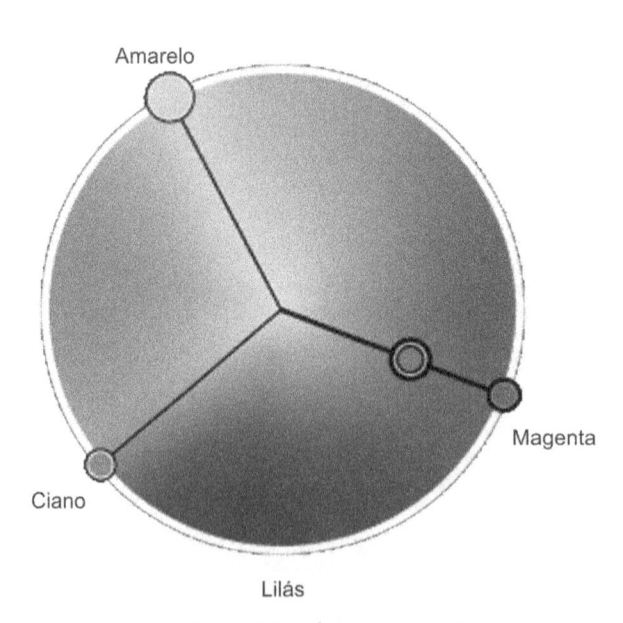

Figura 2.15 - Tétrades com primárias.

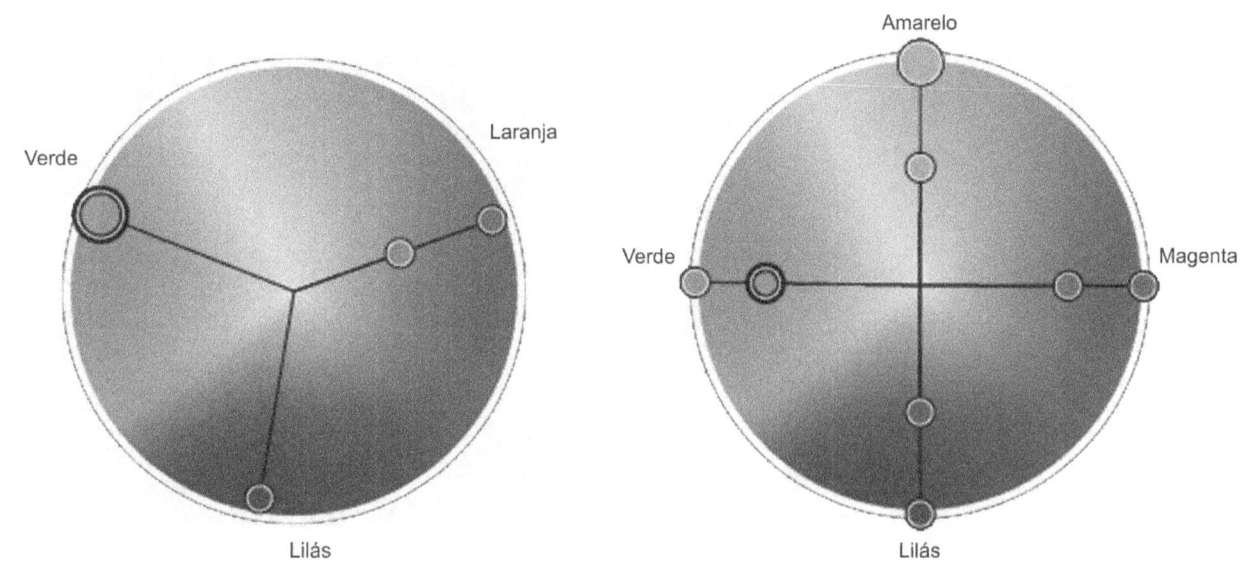

Figura 2.16 - Tétrades sem primárias.

Figura 2.17 - Tétrades complementares.

2.2.6 Compostas

São tonalidades complexas, e é necessário muito conhecimento para utilizar harmonias que usem mais de quatro cores simultaneamente, pois podem criar ligações bem complexas e nada harmônicas, a não ser que a intenção seja justamente criar harmonias que tenham tons dissonantes (fora das escalas).

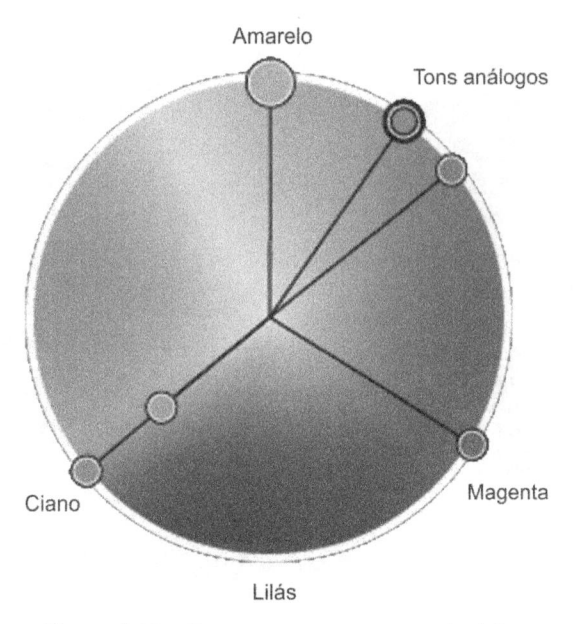

Figura 2.18 - Cores compostas com primárias.

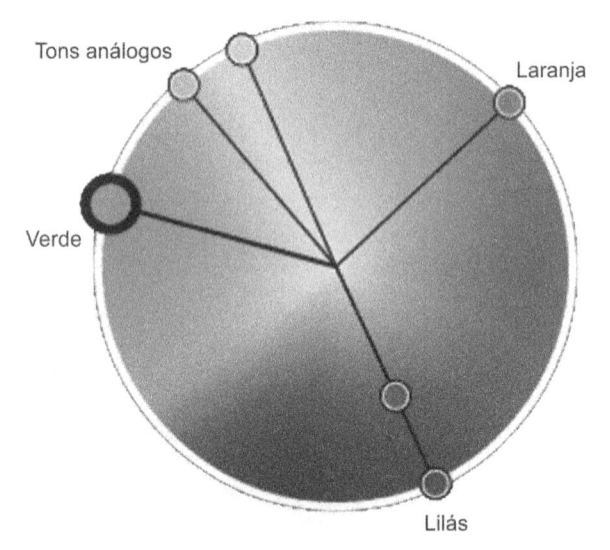

Figura 2.19 - Cores compostas com secundárias.

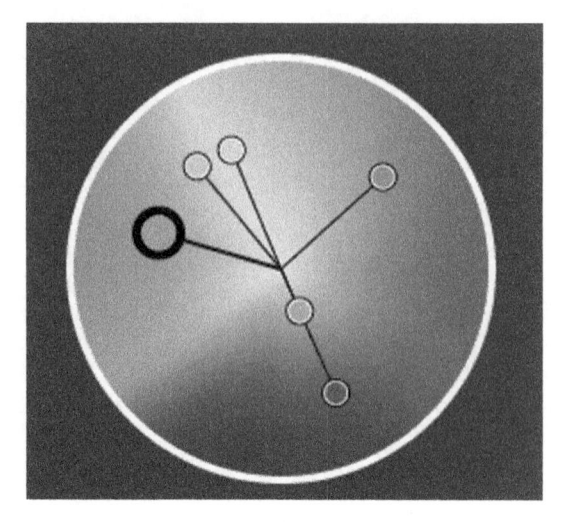

Figura 2.20 - Cores compostas com terciárias.

2.2.7 Cores quentes e cores frias

São divisões harmônicas muito utilizadas, pois dividem o disco das cores ao meio, deixando as cores quentes - amarelo, laranja e vermelho - e todos os tons em seus intervalos de um lado e do outro todas as cores frias - azul, verde e lilás e todos os tons dentro desse intervalo. Geralmente ilustrações infantis ou de temas primários utilizam esse tipo de harmonia, ou quando se quer intencionalmente esquentar ou esfriar uma ilustração.

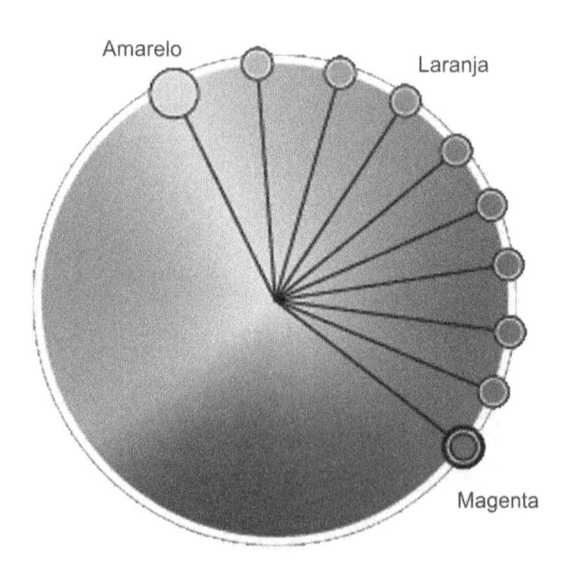

Figura 2.21 - Cores quentes no disco.

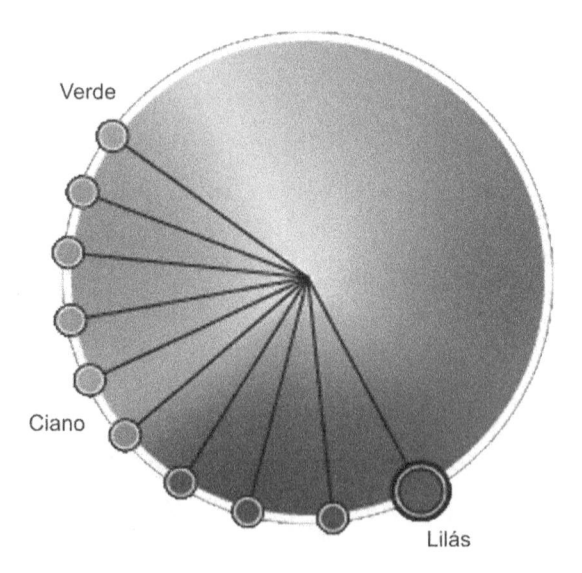

Figura 2.22 - Cores frias no disco.

2.3 Espaços de cor

Uma vez compreendidos o disco das cores e sua capacidade de criar harmonias para um melhor uso das tonalidades, a fim de que a cor em seu trabalho também imprima um impacto marcante no consumidor, é preciso conhecer e entender os espaços de cores, ou Gamut. Os espaços de cor são as áreas que determinado espectro de cor abrange, permitindo o uso ou não de determinadas cores. Basicamente, os espaços de cor estão divididos entre espaço de cor-luz e espaço de cor-pigmento. Na prática, são as tonalidades que abrangem o mundo físico real e as tonalidades que abrangem o mundo digital virtual. Os espaços de cor mais conhecidos são:

2.3.1 LAB

O modelo Lab, tal como outros modelos de cor definidos pelo CIE (Centre Internationale d'Eclairage), define a cor de uma forma matemática e precisa. É como o computador "enxerga" as cores, portanto sua gama é muito superior à dos outros espaços de cor. É também o que mais se aproxima do olho humano.

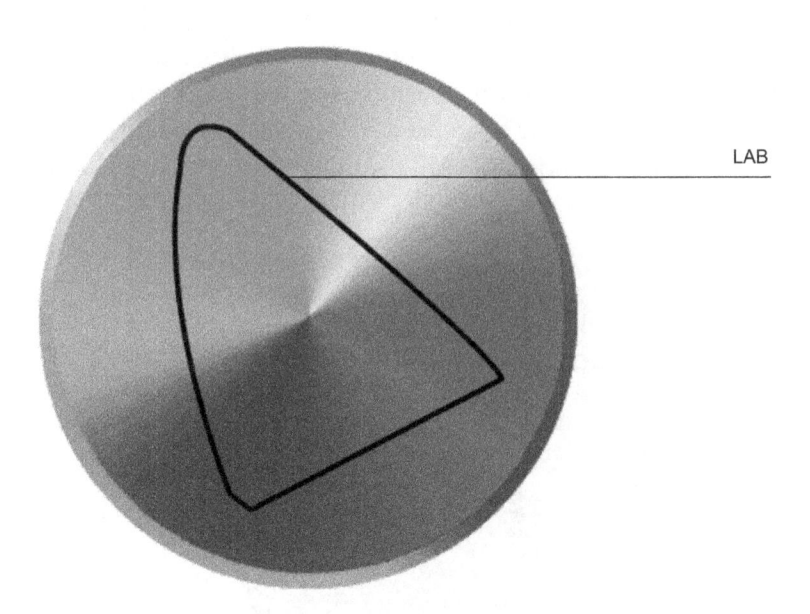

Figura 2.23 - Espaço de cor Lab.

2.3.2 RGB

RGB é a abreviatura do sistema de cores aditivas, ou seja, sua mistura tende ao branco ou ao ponto de maior iluminação. A sigla é formada pelas letras R (Red), G (Green) e B (Blue). Uma das representações mais usuais para as cores é a utilização da escala de 0 a 255, bastante encontrada em computação pela conveniência de se guardar cada valor de cor em 1 byte (8 bits). Assim, o vermelho completamente intenso é representado por 255, 0, 0.

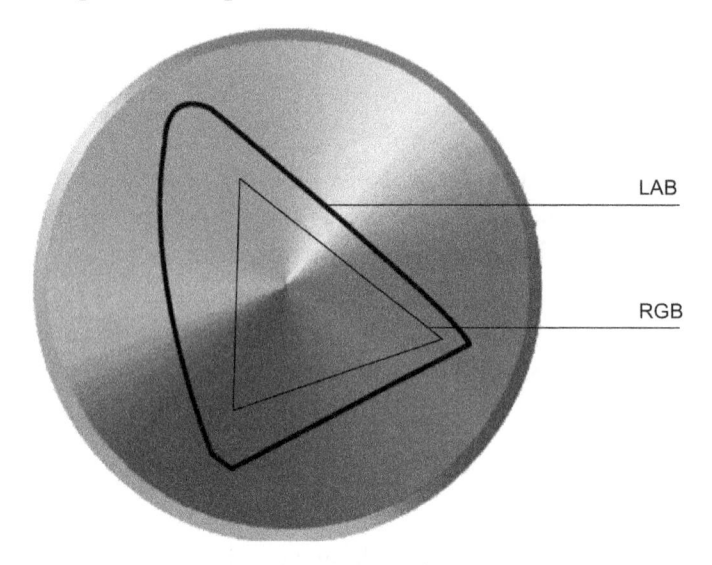

Figura 2.24 - Espaço de cor RGB.

2.3.3 CMYK

CMYK é abreviatura de C (Ciano) M (Magenta), Y (Amarelo) e K (Preto); é o sistema subtrativo de cores, cuja junção, ao contrário do RGB, tende ao turvo (preto). A ilusão de ótica gerada pela sobreposição dos quatro tons, chamada de quadricromia, permite que se reproduzam as outras cores fundamentais do disco das cores. Por ser um sistema de sobreposição, seu alcance quanto ao número de tonalidades é muito inferior ao padrão RGB e LAB, portanto, seu Gamut (espaço de cor) é bem mais limitado.

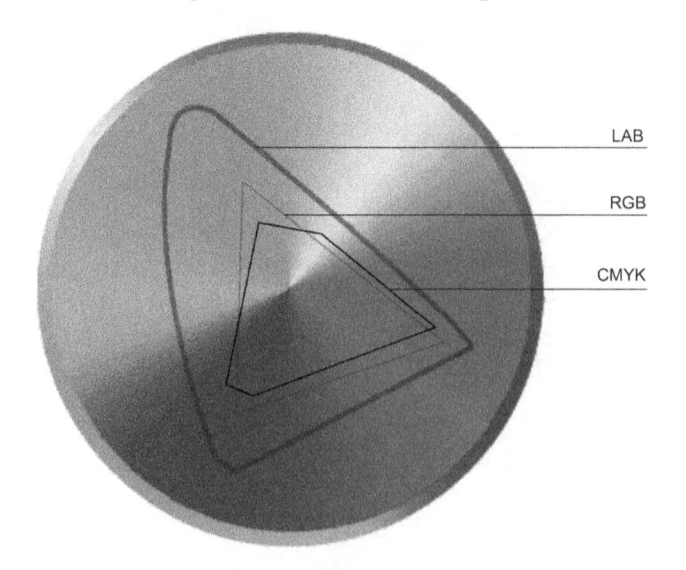

Figura 2.25 - Espaço de cor CMYK.

2.3.4 Pantone

Pantone antes de tudo é o nome de uma marca de fabricante de cores, assim como existem muitas outras na indústria gráfica, porém, como sua difusão foi em nível global, a marca se tornou sinônimo de cor especial. Cores especiais são todas aquelas que a quadricomia CMYK não pode alcançar em seu espaço de cor, além de serem cores que permitem sua aplicação direta, sem a necessidade sobreposições de canais de cor.

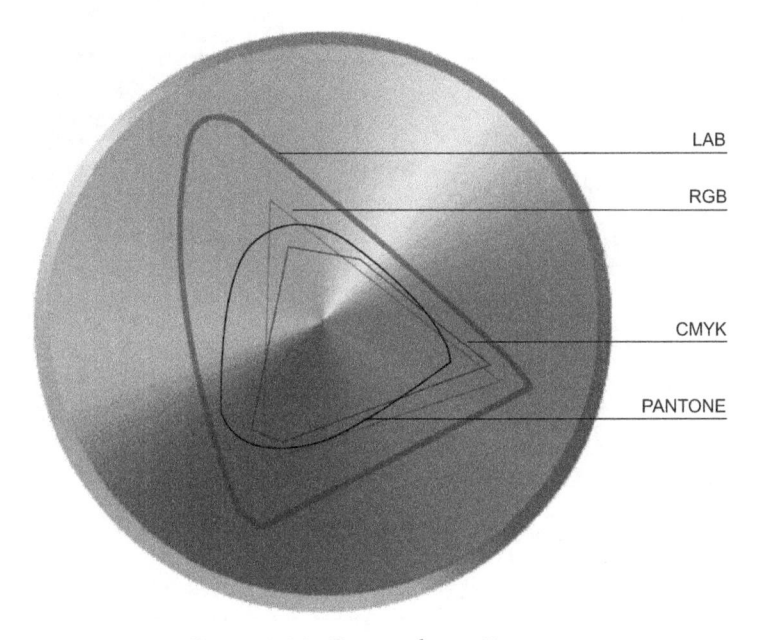

Figura 2.26 - Espaço de cor Pantone.

2.3.5 HSV

HSV é a abreviatura para o sistema de cores formado pelos canais de matiz, saturação e valor, cujo uso é mais indicado para programas de pintura digital em que as cores são interpretadas por esses valores, permitindo um grau de subjetividade maior do que nos outros espaços de cor. Também é indicada para impressoras de Fine Art que trabalham com número bem mais elevado de cartuchos de cores.

2.3.6 Hexidecimal

É um sistema numérico de posição para interpretação computacional da cor,

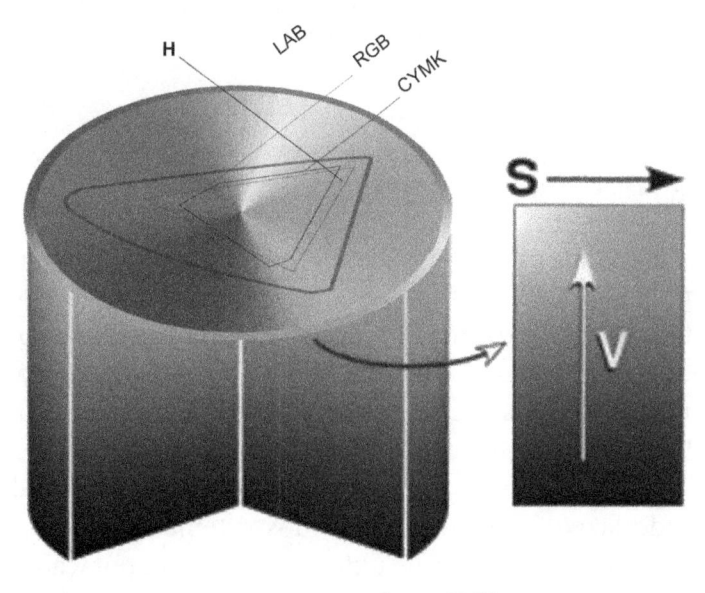

Figura 2.27 - Espaço de cor HSV.

muito utilizado para representar números binários e assim mais adaptado ao uso das páginas *web*, por facilitar a conversão entre números binários e hexadecimais.

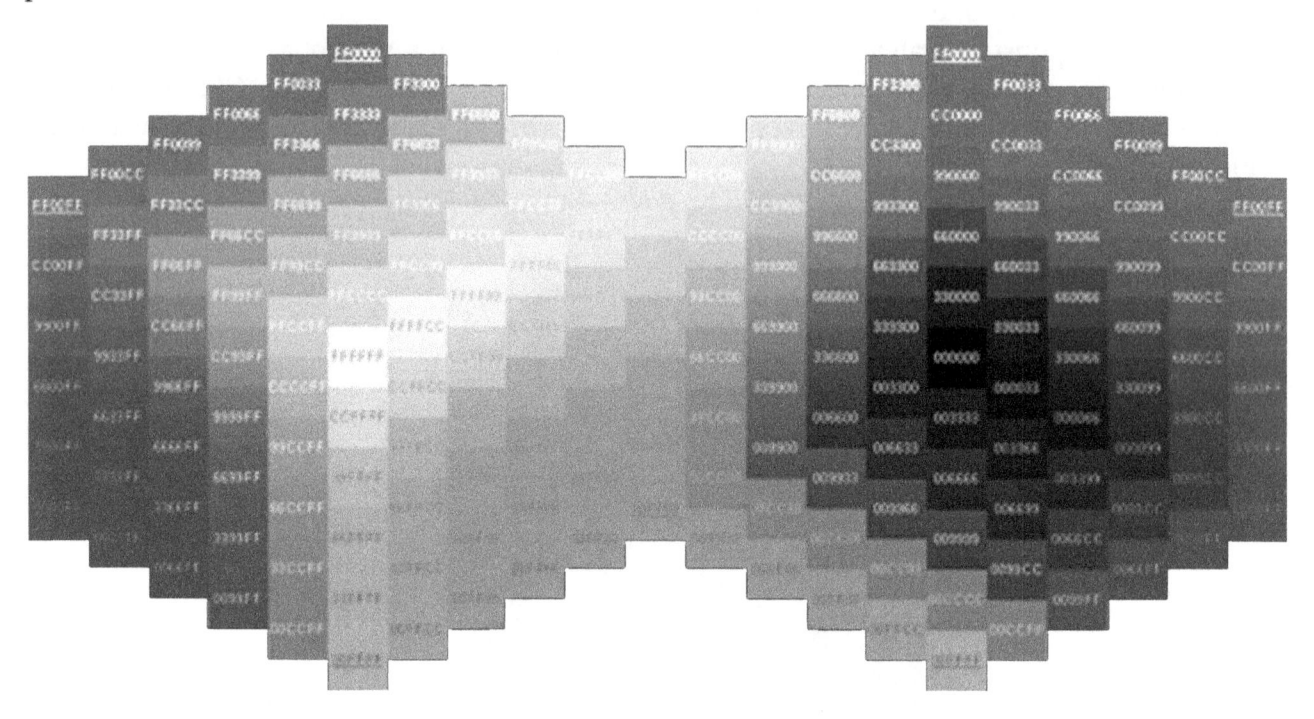

Figura 2.28 - Espaço de cor hexadecimal.

Amplie seus conhecimentos

A Pantone é um espaço de cor muito utilizado na indústria gráfica, porém não é o único. Existem vários fabricantes de cores e muitos outros espaços de cor, mas a Pantone é a que ficou mundialmente conhecida, também por sua escala muito grande de cores especiais, compreendendo uma gama muito grande de tonalidades e tipos de cores, como por exemplo metálicas, perolizadas, fluorescentes etc.

2.4 Colorimetria

Colorimetria é o campo que estuda as diferenças tonais entre os meios em que as cores são processadas e utilizadas. Enquanto no Gamut a preocupação é definir o campo de tonalidades dentro de um determinado espectro, na colorimetria a preocupação é como a tonalidade vai se comportar sendo levada de um sistema de cor a outro. O caso atual de maior desafio é utilização da colorimetria e a passagem das tonalidades de cor-luz para cor-pigmento. Como muitas tonalidades em Gamut de cor-luz não conseguem ser interpretadas em um ambiente de cor-pigmento, é preciso que se crie um sistema de interpretação das tonalidades de um meio para o outro. Esse trabalho é realizado fazendo uma calibração dos sistemas para que as cores possam de fato ter uma passagem fiel. Monitores profissionais utilizados para computação gráfica e impressoras de médio e grande portes podem ser calibrados para que se tenha mais de 90% de certeza de que não haverá diferença entre a cor vista e trabalhada no monitor e a cor de saída nas impressões. Atualmente, com a popularização das telas touchscreen essa preocupação não está apenas vinculada à indústria gráfica: as indústrias de televisores de alta definição, tablets e smartphones também estão se preocupando com um equilíbrio tonal. Como existem muitos fabricantes, essa é uma tarefa difícil, mas, conforme tecnologias como plasma, LCD, LED, E-Ink e O-Led vão se estabilizando, aumenta a chance de um melhor resultado tonal nos produtos digitais futuros.

Figura 2.29 - Calibração de monitor com colorímetro.

2.5 Psicologia das cores

A psicologia das cores estuda o modo como se relacionam as cores e a emoção humana. Nos últimos séculos, muitos estudiosos vêm realizando estudos que provam que a relação cores/emoções está ligada de maneira profunda, não de devendo ao mero acaso a maneira com que os sentimentos humanos são afetados pelas cores. A natureza e toda sua exuberância já nos permitem identificar um código tonal que utilizamos para muitas de nossas atividades, desde as mais primárias, como nos alimentarmos. É por meio das cores que também que podemos identificar se uma comida é palatável ou não, e por meio das cores que percebemos locais ou situações favoráveis e desfavoráveis e assim por diante. O que cabe à psicologia das cores é entender como esses sentimentos e sensações são ligados ou desligados quando em contato com uma determinada tonalidade. Novamente a natureza é um primeiro caminho a se recorrer para compreender esses fenômenos. Quando nos deparamos com uma pintura no museu, principalmente uma que represente uma paisagem, a pincelada vai nos passar uma sensação, as figuras irão passar outras, e a cor vai nos passar muitas outras: se a paisagem representar um belo dia ensolarado, com aquela representação perfeita de um dia de sol magnífico, dificilmente essa paisagem vai nos afligir, ou nos fazer se sentir acuados; pelo contrário, ela vai transmitir calor, alegria, uma sensação sublime de êxtase. A mesma paisagem nos mostrando um dia sombrio com tonalidades escuras, porém, vai nos trazer um sentimento de angústia, tristeza e repúdio. Claro que a psicologia humana, na qual a das cores é um pequeno tratado, vai muito além dessas definições, pois é preciso levar em consideração também a carga de sentimentos que o espectador traz consigo. Assim, o mesmo dia ensolarado pode gerar outros sentimentos, até inversos, aos de alegria, calor e êxtase, e a mesma cena com um ar sombrio pode também não gerar uma sensação de tristeza ou algo parecido. É tudo uma questão de ponto de vista. Quando falamos do mundo da publicidade e do consumo, o foco da psicologia humana é estreitado, o que acaba por tornar possível uma esquematização de valores que são utilizados com precisão para acertar determinados sentimentos e sensações. Muitos autores chamam esse estudo de interpretação ocidental para as cores, exatamente por ser um sistema ligado à sociedade de consumo, portanto não se trata de um esquema que defina categoricamente a sensação visual que as cores projetam sobre um indivíduo, mas sim uma sensação visual projetada sobre indivíduos em grupos com uma mesma codificação estabelecida.

Figura 2.30 - Exposição em museu de arte.

Exemplo

A seguir temos uma lista que demonstra como algumas tonalidades são interpretadas no sistema ocidental de consumo:

» Cinza: elegância, humildade, respeito, reverência, sutileza;

» Vermelho: paixão, força, energia, amor, liderança, masculinidade, alegria (na China), perigo, fogo, raiva, revolução, "pare";

- » Azul: harmonia, confidência, conservadorismo, austeridade, monotonia, dependência, tecnologia, liberdade, saúde;
- » Ciano: tranquilidade, paz, sossego, limpeza, frescor;
- » Verde: natureza, primavera, fertilidade, juventude, desenvolvimento, riqueza, dinheiro, boa sorte, ciúmes, ganância, esperança;
- » Amarela: velocidade, concentração, otimismo, alegria, felicidade, idealismo, riqueza (ouro), fraqueza, dinheiro;
- » Magenta: luxúria, sofisticação, sensualidade, feminilidade, desejo;
- » Violeta: espiritualidade, criatividade, realeza, sabedoria, resplandecência, dor;
- » Alaranjado: energia, criatividade, equilíbrio, entusiasmo, ludismo;
- » Branco: pureza, inocência, reverência, paz, simplicidade, esterilidade, rendição, união;
- » Preto: poder, modernidade, sofisticação, formalidade, morte, medo, anonimato, raiva, mistério, azar;
- » Castanho: sólido, seguro, calmo, natureza, rústico, estabilidade, estagnação, peso, aspereza.

Amplie seus conhecimentos

Quando escolhemos uma cor para elaborarmos nossos trabalhos, devemos ter em mente que estamos lidando com um elemento de estímulo imediato, e que essa cor escolhida provocará diversas reações em seus observadores, positivas ou negativas. Um exemplo clássico de utilização da psicologia das cores é o logotipo da rede de restaurantes McDonald's, em que o vermelho cria uma excitação visual visando despertar a "urgência" em saciar o paladar, e o uso do amarelo associado à forma arredondada do "M" do logotipo cria uma sensação de otimismo.

Vamos recapitular?

Neste capítulo aprendemos sobre a definição, a harmonia e o espaço de cor, além da colorimetria e da psicologia das cores.

Agora é com você!

1) Materiais: - cartolina branca - lápis de cor - compasso - lápis preto - régua - borracha.

   Deve-se fazer um círculo com aproximadamente 15 cm de diâmetro. Dividir o círculo em sete partes iguais. Pintar utilizando as cores: verde, amarelo, vermelho, violeta, verde-água, roxo, alaranjado e azul-marinho. Realizar um furo no centro do círculo e acrescentar um lápis, girando-o velozmente, observando assim o aparecimento da cor branca.

2) Com tinta guache, faça o disco das cores partindo das cores primárias.

3) Agora, com o disco das cores em mãos, faça o estudo harmônico e pinte os resultados em faixas retangulares. Inicie com as harmonias complementares.

4) Faça o estudo de uma harmonia de cores análogas de uma cor primária e uma secundária.

5) Faça uma harmonia tríade e uma tétrade.

6) Faça uma harmonia de cores compostas.

7) Utilizando um software de harmonia de cores, faça os mesmos exercícios no computador.

8) Peça ao professor que adquira um perfil ICC (arquivo) de algum fabricante.

9) Clique no arquivo com o botão direito do mouse e selecione "Instalar Perfil". A instalação leva alguns segundos. Se preferir instalar o perfil manualmente, basta mover o arquivo para o diretório abaixo: C:/windows/system32/spool/drivers/color

10) Faça uma ilustração ou utilize alguma já realizada e faça um arquivo final de envio usando o perfil ICC instalado.

Ilustração - Mídias e Técnicas

3

Neste capítulo serão abordados os conceitos que definem os limites para que um desenho se transforme em uma ilustração. Os principais fundamentos estão divididos em tópicos, e no final há exercícios propostos para você colocar em prática a teoria aprendida.

A ilustração é uma prática muito desenvolvida profissionalmente, mas no Brasil ainda é uma atividade pouco regulamentada, o que dificulta muito a permanência e retenção de seus profissionais.

3.1 O que é ilustração?

Ilustração é a capacidade de interpretar um discurso visualmente, em geral oriundo de um texto narrativo, embora, com o surgimento de novas mídias, possa ter origem em qualquer expressão humana. Apesar de estar usualmente vinculada a um produto primário, geralmente o texto, sua importância não pode ser reduzida a uma mera aplicação estética decorativa: é preciso entender que a ilustração é tão autoral quanto o texto narrativo, e sua criação precisa conhecer parâmetros técnicos e estéticos para que ocorra o processo de comunicação.

Figura 3.1 - Ilustração sendo produzida.

Podemos classificar assim as ilustrações e sua utilidade:

3.1.1 Ilustrações editoriais

São as ilustrações para livros, revistas e jornais, basicamente aquelas em que a autoria e o estilo de traço do ilustrador são o fator mais importante para a sua valorização. A abordagem eficiente do tema é evidentemente, o fator primário, mas o traço e o estilo reconhecido do ilustrador são interpretados como parte da autoria e da força de venda do produto final.

Figura 3.2 - Ilustração para coluna de revista semanal.

3.1.2 Ilustrações publicitárias

Sao ilustrações para anúncios, embalagens, filmes promocionais e qualquer serviço ou produto de caráter comercial. Esse tipo de ilustração, diferentemente da editorial, precisa atender a certos aspectos visuais ligados à representação universal do consumo de massa, ou seja, antes de tudo, é preciso levar em consideração aspectos levantados em pesquisas de opinião junto ao público consumidor, para compreender como o público reage a determinadas imagens, traços, cores e todos os demais aspectos visuais. O profissional desse segmento possui características que o tornam um ilustrador para o consumo e a indústria, e geralmente consegue exprimir em suas ilustrações ideias visuais que funcionam como um elo entre consciente e inconsciente, desejo, vontade e sensações de idealização visual.

Saúde do Viajante

Cuide de sua saúde. Em viagens a lazer ou a trabalho ela é sua melhor companheira.

Informe-se no *site* **www.saude.gov.br/viajante**, sobre como manter a sua saúde durante sua próxima viagem. **Não se esqueça:**

 Viaje com as vacinas em dia e previna-se contra febre amarela 10 dias antes de praticar turismo ecológico, rural, de aventura ou visitar áreas de mata

 Lave bem as mãos com água e sabão várias vezes ao dia

 Beba bastante água e evite consumir alimentos crus ou mal cozidos

 Use calçados, roupas confortáveis e equipamentos de proteção (colete salva-vidas, capacete, ou outros) quando necessário

 Proteja-se contra o sol e picada de insetos

 Se ficar doente durante ou logo após retornar, procure o serviço de saúde e informe ao médico sobre sua viagem, pois esta atitude poderá ajudar no diagnóstico de algumas doenças

Em caso de emergência, ligue SAMU 192

Figura 3.3 - Ilustração para propaganda do Ministério da Saúde.

3.1.3 Ilustrações institucionais

São ilustrações para empresas, instituições, filiações, organizações, entidades de caráter público ou privado, visando representar valores e ideais universais sem apelo comercial ou autoral. Esse tipo de ilustração se preocupa com a representação visual de valores e demanda do ilustrador muita cautela e disciplina em suas escolhas, com muita noção do tema proposto e muito bom senso para que as imagens não fiquem com uma representação visual contaminada por valores individuais e não vendam nada, sendo apenas acessórios para a compreensão da mensagem. Muitas vezes um ilustrador editorial pode vir a ser utilizado para esse tipo de ilustração, porém somente quando seu trabalho autoral ultrapassa a fronteira do autoral e passa a pertencer ao universal. Também, um ilustrador publicitário, tendo uma solução universal que ultrapasse a simples necessidade de vender, pode alcançar um trabalho institucional que utilize seu traço comercial. Um exemplo famoso é o do ilustrador Normal Rockwell, que ilustrava as páginas do periódico Evening Saturday Post: seu trabalho caracterizou tão bem a sociedade americana do início do século XX que atendeu a todas essas classificações mencionadas, se tornando, além de um autor visual, dono de um traço comercial e de uma temática universal.

Figura 3.4 - Ilustração para Cartilha do Trabalho Seguro e Saudável.

Amplie seus conhecimentos

No Brasil, a profissão de ilustrador não é regulamentada, ou seja, não existe um conselho ou órgão, mas sim uma associação chamada SIB – Sociedade dos Ilustradores do Brasil, sem fins lucrativos, que reúne profissionais da ilustração de todo o Brasil. Fundada em 2001, estimula a união entre os ilustradores, a disseminação de ideias, a valorização da ilustração, o compromisso ético nas negociações, e promove o intercâmbio de ideias, propostas, oportunidades e pontos de vista, tanto relativos a assuntos técnicos, filosóficos e artísticos quanto aos aspectos burocráticos e contratuais. Para conhecer e saber mais acesse: www.sib.org.br.

3.2 Interpretação visual

Assim como na linguagem escrita, a linguagem visual possui uma sintaxe. Conforme foram sendo criadas e introduzidas na sociedade de consumo, as ilustrações passaram a desenvolver uma linguagem que foi sendo definida por tentativa e erro. Existem imagens que criam tão bem uma representação visual que se tornam universais e atemporais. Essas imagens vão, de tempos em tempos, sendo novamente representadas, às vezes com outros materiais ou suportes. Foi assim que evoluímos desde o desenho do famoso bisão dos tempos das cavernas até os gráficos 3D mais elaborados e impressionantes de hoje em dia. A sintaxe visual da ilustração pode ser dividida em três grandes grupos:

3.2.1 Ilustrações figurativas

São ilustrações em que a representação figurativa é o objetivo principal. A maioria das ilustrações realistas é figurativas, ou seja, fixa o foco em uma figura reconhecida ou de fácil assimilação. Por isso o ilustrador figurativo deve estar atento tanto às representações figurativas do passado como às representações atuais de fotografias, filmes e outros produtos visuais. Dessa forma, não importa o estilo ou técnica empregados, o público irá reconhecer.

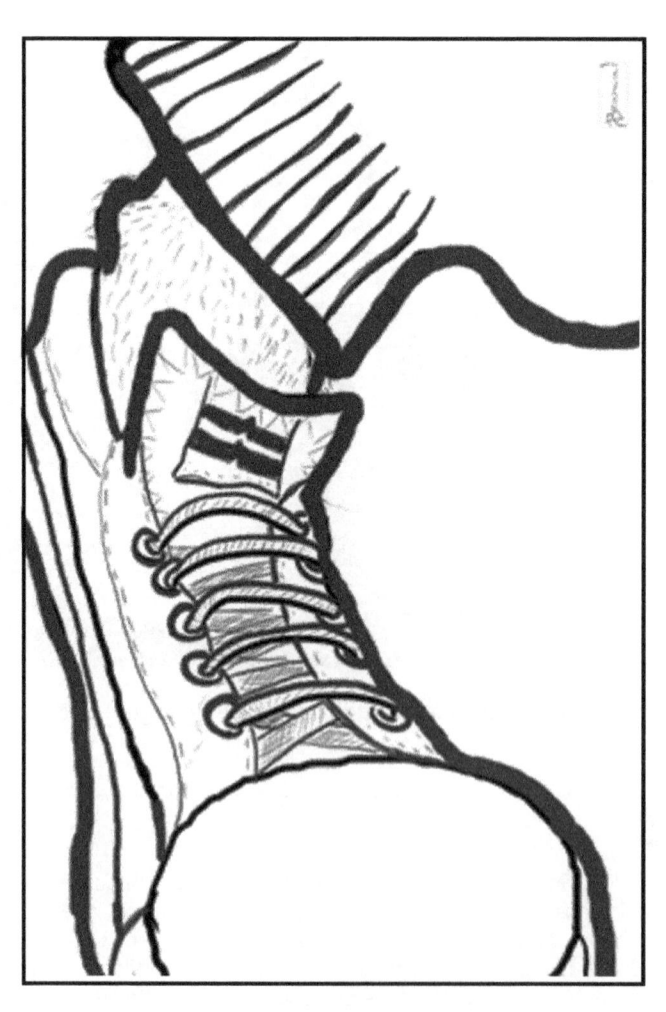

Figura 3.5 - Exemplo de ilustração figurativa.

3.2.2 Ilustrações abstratas

Sao ilustrações em que a representação figurativa serve de base para se extraírem partes da figura, que não são mais percebida, mas sim sua essência. Popularmente, o termo abstração é o que se chama de arte abstrata, erroneamente associado a qualquer imagem em que não há uma figura perceptível, mas sim uma abstração. No dicionário, a definição de abstrato é exatamente o que exprime essa ideia de ser a síntese de algo, portanto a arte ou ilustração abstrata não tem uma figura perceptível, embora tal abstração tenha sido retirada de uma figura.

Figura 3.6 - Exemplo de ilustração abstrata.

3.2.3 Ilustrações estilizadas

De menor ocorrência mas não menos importantes que as duas anteriores são ilustrações que compreendem uma mistura de figuras, abstrações e estilismos para compor uma imagem por meio de montagem. Nestes tempos de computação gráfica, esse tipo de trabalho ganhou espaço, pois o computador permite a junção de vários tipos de imagens como fotos, infográficos, ícones, desenhos, frames, para se compor um trabalho que gera uma espécie de ilustração/design que, ao fazer uso do recorte e da redução e ampliação digital, se assemelha muito ao design, mas ainda assim continua sendo uma ilustração, pois sua função ainda é reforçar o discurso de um texto ou outra linguagem que necessitou de sua participação.

Figura 3.7 - Exemplo de ilustração estilizada.

3.3 Técnicas e materiais analógicos

A ilustração é um tipo de desenho que se vale das mais diversas formas e materiais para traduzir visualmente uma ideia. É difícil estabelecer um limite quanto ao uso, mas didaticamente é possível estabelecer um limite técnico. Podemos considerar, mesmo entre técnicas mistas, a prevalência de algum material sobre outros. Assim, a primeira divisão didática que podemos fazer é entre os materiais secos e os materiais úmidos. Como os materiais sofrem a ação do tempo e ações químicas, muitas vezes irreversíveis, podemos definir o resultado destas ações e a intenção expressiva como procedimentos analógicos. Muitos ilustradores hoje em dia, em que as técnicas digitais prevalecem, não têm a oportunidade de conhecer e utilizar técnicas e materiais analógicos, e acabam por nem conhecer os processos naturais que são necessários para produzir um determinado efeito ou imagem.

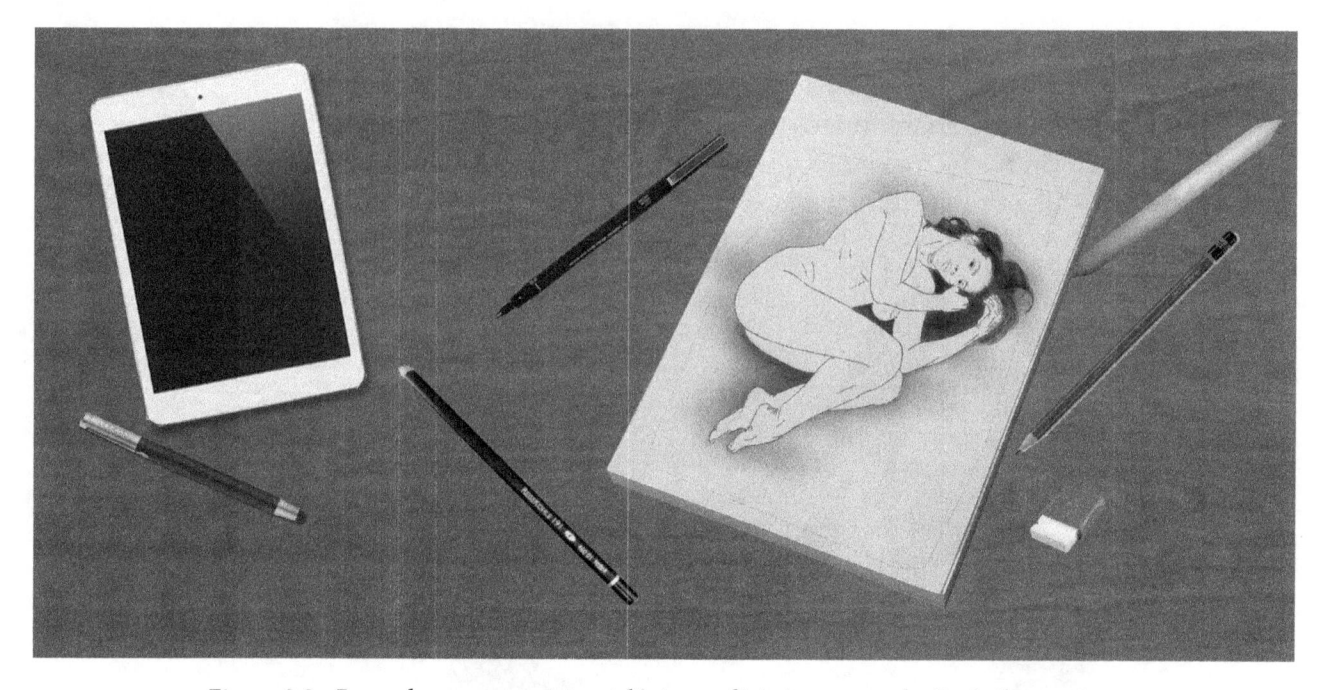

Figura 3.8 - Bancada com materiais analógicos e digitais para produção de ilustração.

3.3.1 Materiais secos

Definimos como materiais secos todos os insumos que não utilizam para sua diluição nenhum tipo de emulsificante. São materiais cujas qualidades pictóricas são alcançadas com misturas de insumos em pó ou em estado sólido. Um bom exemplo são os lápis de cores, os gizes pastel e os pastel oleosos.

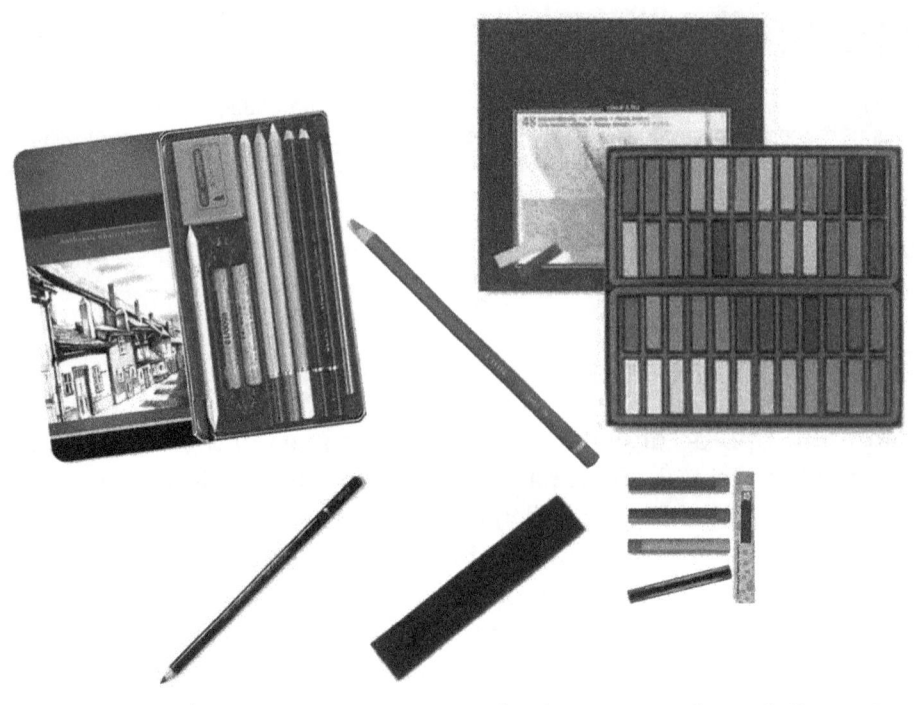

Figura 3.9 - Alguns materiais secos mais utilizados para a produção de ilustração.

3.3.2 Materiais úmidos

Definimos como materiais úmidos todos os insumos que utilizam emulsificantes e solventes para a diluição dos pigmentos. Sao materiais que permitem um leque maior de opções, pois podem ser usados diluídos, não diluídos e até mesmo secos. Bons exemplos são a aquarela, o óleo e as tintas acrílicas.

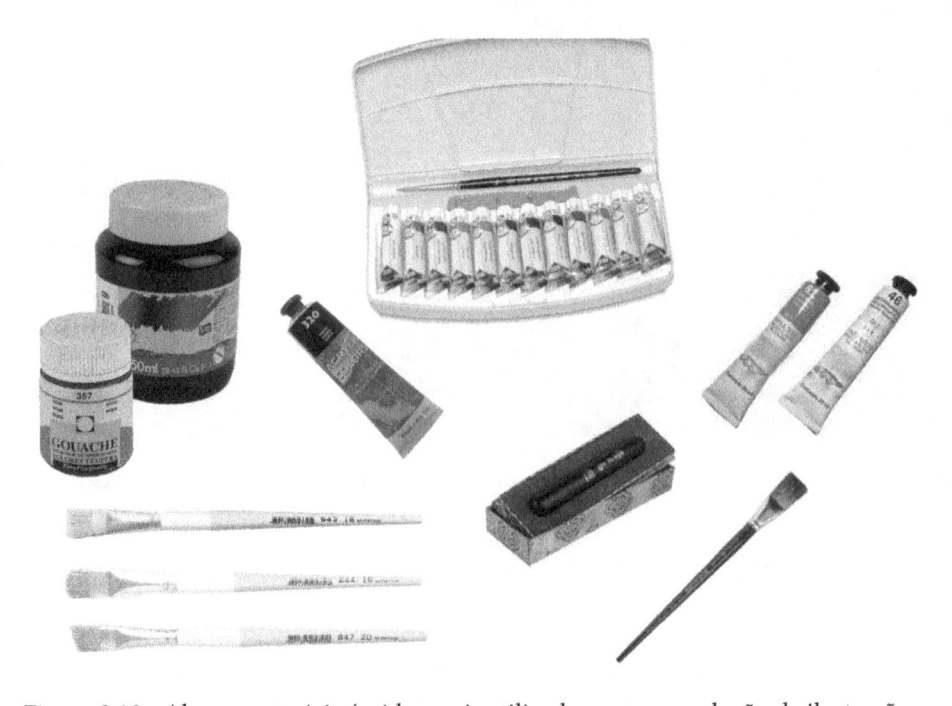

Figura 3.10 - Alguns materiais úmidos mais utilizados para a produção de ilustração.

3.3.3 Lápis de cor

Na Figura 3.11 podemos ver uma ilustração que utiliza o lápis de cor valorizando sua melhor propriedade, a capacidade de variação tonal. Isso é possível pois o lápis de cor é fabricado com uma enorme variedade de tons das mesmas cores, o que permite criar sensações de contraste tonal que podem chegar a um realismo interessante. Perceba que tanto para a sombra quanto para o brilho de cada parte da ilustração podemos usar vários lápis de cores variadas, não precisando apenas usar o preto para a sombra e o branco para o amarelo. Outro fator é o suporte utilizado: quanto mais rugoso, mais maleável o lápis fica. É possível também utilizar os esfuminhos (lápis de papel) para realizar uma mistura ao inverso, sem deixar a textura visível. Ha ainda quem goste de utilizar o lápis de cor de maneira bem forte e intensa. Esta não é sua propriedade ideal, mas se for essa a intenção, geralmente esse uso faz os lápis durarem pouco, e às vezes é necessário comprar as tonalidades separadas para poder garantir que terá o suficiente para a cobertura da área.

Figura 3.11 - Ilustração com lápis de cor.

3.3.4 Canetas esferográficas

As canetas esferográficas são uma opção a que muitos ilustradores gostam de recorrer. Elas permitem criar um controle tonal que vai do tom da caneta até a cor do papel, como o tom e sempre o mesmo o uso de hachuras (preenchimentos controlados) lineares podem criar um belo efeito visual. Quanto ao suporte, é melhor escolher papéis lisos, que permitam que a caneta deslize, criando assim longos traços únicos. No exemplo da figura a seguir é possível ver como as hachuras criam toda a sensação de contraste entre as áreas de sombra e luz, dando um caráter de finalização à ilustração. As canetas esferográficas são uma boa opção, pois são de conhecimento popular e, usadas artisticamente, facilmente reconhecidas, ajudando a valorizar a ilustração.

Figura 3.12 - Ilustração com canetas esferográficas.

3.3.5 Marcadores e nanquim

A maioria dos ilustradores adora esse tipo de material. Assim como o lápis de cor, os marcadores ou canetas de tinta são vendidos em uma vasta série de tons, chegando a mais de 200 opções de intervalos de cores. Sua propriedade básica e sua capacidade translúcida, ou seja, cada passada do marcador do papel, se sobrepõem ao traço anterior, criando assim um contraste natural de traço por traço. Isso dá um efeito muito interessante, que lembra a transparência da aquarela ou a representação de materiais como metal, plástico, tecidos etc. Os marcadores permitem a criação de ilustrações bem profissionais, e, junto com nanquim, resultam realmente verdadeiras artes-finais realistas e técnicas. No exemplo da figura a seguir, vemos uma ilustração que utiliza os marcadores para fazer um brilho intenso a partir de suas variações tonais, vemos também que o nanquim aplicado às áreas de extremo contraste dá um acabamento muito realista.

Figura 3.13 - Ilustração com marcadores e nanquim.

3.3.6 Guache

O guache, por ser associada ao uso escolar, desde a pré-escola, é injustamente vista como uma tinta menor ou de menos qualidade final e profissional. Na verdade, seu uso como tinta escolar se deve ao fato de ser solúvel em água, permitindo uma limpeza muito simples. Por isso é muito usada nas escolas, onde as atividades são em grupos e muitas vezes voltadas a experimentações visuais.

Quanto a suas características pictóricas, ela possui uma vantagem entre as outras tintas. Com guache é possível aplicar uma tinta clara em cima de uma tinta escura sem que haja mistura, desde que, claro, se mantenha o intervalo entre a secagem de um tom sobre o outro tom. Graças a essa propriedade, o guache, nos anos 1980, ganhou muita atenção de profissionais que precisavam fazer uma espécie de amostra de uma ilustração antes que ela fosse realmente aprovada e finalizada. Outra característica é sua capacidade translúcida quando diluída em água, permitindo também quese façam estudos para aquarelas antes de sua finalização. No exemplo da Figura 3.14 temos duas ilustrações que mostram essas duas capacidades.

Figura 3.14 - Ilustração com guache.

3.3.7 Acrílica

As tintas acrílicas são as tintas mais modernas que existem. Elas foram criadas para agilizar o processo de produção, são produzidas sinteticamente em laboratórios. São solúveis em água, e sua secagem é muito rápida, quase instantânea. Diferentemente da tinta guache, sua sobreposição, mesmo entre áreas totalmente secas, gera mistura dos tons. Assim, é uma tinta que requer um estudo e objetivo pensados antes de sua utilização. A secagem rápida também é um ponto que pede que você pense e realize seu trabalho de maneira dinâmica. Suas propriedades são bem versáteis, e permitem que sejam utilizadas ao natural ou diluídas. Pode-se um meio para retardar sua secagem. Existem no mercado tintas acrílicas que podem substituir as tintas a óleo, conseguindo imagens com alto grau de misturas entre os tons. Na figura a seguir temos um exemplo de ilustração que utiliza a tinta acrílica de sua maneira mais comum, uma pintura de cores homogêneas com pinceladas rápidas.

Figura 3.15 - Ilustração com tinta acrílica.

3.3.8 Aquarela

A aquarela é considerada a tinta de maior grau de nobreza e dificuldade. Sua capacidade translúcida e transparente permite um alto grau de criações visuais, mas é preciso muita prática e domínio de suas propriedades e do pincel. As tintas aquarelas podem ser encontradas de diversos modos: podem ser vendidas como pastilhas secas, tubos diluídos ou até mesmo como lápis de cores aquarelados. Na ilustração é largamente utilizada, principalmente por artistas experientes que já utilizaram muitos outros materiais e compreendem como cada um deles reage entre si e na superfície. Quando se necessita de um trabalho muito refinado ou de uma ilustração que seja extremamente artística, utiliza-se a aquarela. No exemplo a seguir temos ilustração que foi solicitada para eventos de alto refinamento, e por isso o trabalho com aquarela atende bem a esse tipo de solicitação.

Figura 3.16 - Ilustração com aquarela.

3.3.9 Óleo

As ilustrações utilizando tinta a óleo não são muito comuns em função dos próprios procedimentos da técnica. Porém seu uso permite criar trabalhos muito pictóricos e bem realistas. Geralmente quando um ilustrador precisa imprimir a um trabalho uma característica mais artística, que se assemelhe à estética da pintura, ele acaba por optar pela tinta óleo. Suas principais características são o longo tempo de secagem, sua capacidade de alteração por causa das novas aplicações de tinta e solventes, e seu alto grau de tonalidades e passagens tonais. O exemplo a seguir mostra uma ilustração realista que pede o uso do óleo para dar uma impressão ainda mais fiel ao tema, valorizando seu conteúdo.

Figura 3.17 - Ilustração com tinta óleo.

3.3.10 Pastel seco

O pastel seco é muito utilizado pelos ilustradores assim como os marcadores. É um material extremamente pictórico e permite um alto grau de tonalidades e contrastes. Um outro fator muito interessante do pastel seco é a possibilidade de dar acabamento com a cor branca por cima dos tons já utilizados, permitindo representar brilhos e luminosidade. O pastel seco também pode ser utilizado com esfuminhos para dar uma passagem tonal bem homogênea. Pode ser encontrado como bastão e também como lápis, o que facilita sua aplicação e controle.

3.3.11 Colagens

A colagem é uma técnica alternativa a que muitos ilustradores gostam de recorrer quando precisam de um efeito diferenciado que às vezes apenas com o desenho não é alcançado. É uma técnica também que permite a ilustração sem necessariamente usar o desenho, facilitando para ilustradores que não têm uma sólida formação como desenhistas mas são extremamente criativos. É possível utilizar recortes realizados com ferramentas diversas como tesouras, estiletes, tesouras com desenhos de corte especial, guilhotinas e facas de corte.

3.3.12 Recortes e dobras de papel

É outra técnica que permite exercer a criatividade em ilustração sem necessariamente utilizar o desenho. Muitos ilustradores têm desenvolvido carreira profissional com ilustrações de recorte de papel, e muitas revistas e agências de publicidade compram esse tipo de material, pois eles chamam a atenção por ficarem entre as técnicas bidimensionais e tridimensionais. É possível realizar trabalhos com muitas camadas sobrepostas de papel que acabam por criar uma sensação visual tridimensional e que podem realmente agregar um estilo de ilustração bem diferente a um trabalho. O segredo da técnica é utilizar facas de corte que recortem o papel desenhando com sua forma; quanto mais papel de diferentes cores forem utilizados, mais interessante fica o resultado final. Existem aplicações desse tipo de técnica em todos os mercados que utilizam ilustrações, e até vitrines de lojas chegam a utilizá-las.

3.3.13 Aerógrafo

O aerógrafo foi por anos um instrumento que permitiu aos ilustradores criar trabalhos hiperrealistas que praticamente são fotografias desenhadas. Esse tipo de ilustração é muito utilizado por trabalhos técnicos ou que tenham necessidade de representação fotográfica. O material é uma pistola ligada a um compressor de ar que gera um sopro contínuo. A pistola tem um recipiente para tinta e um bico de precisão que permite criar traçados minúsculos. O uso de máscaras de papel ou outro material recortado permite aplicar as tonalidades preservando áreas, criando assim detalhe por detalhe da ilustração. Com a chegada do computador e com o surgimento dos softwares 3D, esse tipo de ilustração foi perdendo seu espaço no mercado, e hoje está mais para um trabalho artesanal sofisticado.

O protótipo do lápis pode ter sido o antigo romano stylus, o qual consistia em um pedaço de metal fino utilizado para escrever nos papiros, habitualmente feito a partir de chumbo. O lápis moderno apareceu no século XVI, depois da descoberta das primeiras jazidas de grafite na Inglaterra. No entanto, até hoje em inglês o lápis grafite é chamado de "lead pencil", que quer dizer lápis de chumbo, provavelmente por causa da influência da cultura greco-latina. Sabe-se que em 1925 Herman Feher, proprietário de uma marcenaria, e Fritz Johansen, oficial marceneiro formado na Dinamarca, iniciaram uma fábrica de lápis na cidade de São Carlos do Pinhal, possivelmente a primeira fábrica de lápis do estado de São Paulo.

3.4 Técnicas e materiais digitais

Com o surgimento do computador e da computação gráfica, os ilustradores passaram a contar com mais uma ferramenta, e por muitos anos essa visão definiu o modo com que a ligação entre o analógico e digital foi utilizada. Nos últimos anos porém os avanços que a tecnologia digital trouxe estão cada vez mais definindo um ambiente digital completo para criação. É importante observar que o ilustrador deve conhecer e utilizar as técnicas e materiais analógicos e digitais, inclusive simultaneamente, mas é também importante perceber que hoje, optando-se por processo totalmente digital, dispõe-se de ferramentas, técnicas e materiais. As ferramentas já foram abordadas no Capítulo 1 (item 1.3), por isso faremos aqui uma divisão didática dos processos.

3.4.1 Aplicativos bitmap

São softwares, aplicativos e programas baseados em mapa de bits e cujo produto final são imagens criadas em pixels (dependem de resolução). A maioria dos programas para computadores, tablets e smartphones de produção visualpermite a utilização de ajustes tonais, ajustes de seleção, ajustes de canais de cor e criação de camadas, entre outras funções. Seu uso possibilita manipulações infinitas e a utilização de diversos filtros e efeitos, portanto o ilustrador deve ter em mente o objetivo que pretende alcançar e o tempo de execução para a finalização das ideias. É possível desenvolver diversos tipos de estilo de ilustração, desde uma ilustração com pixels visíveis até imagens hiper-realistas. Entre os mais conhecidos estão o Photoshop da Adobe, o Gimp (software de versão livre) e o Paint da Microsoft.

Figura 3.18 - Ícones de populares programas e aplicativos bitmap do mercado.

3.4.2 Aplicativos vetoriais

São softwares, aplicativos e programas destinados à criação de imagens digitais por meio de funções matemáticas (independem de resolução). Hoje em dia é possível realizar muitas tarefas nesse tipo de software, que permitem a criação de imagens com traços bem-definidos, áreas de cobertura uniforme e até mesmo de efeitos que conferem um alto grau de realismo às ilustrações, por meio de texturas, padrões, gradientes e pincéis. Entre os mais conhecidos estão o Illustrator da Adobe, o Inkscape (software de versão livre) e o Corel Draw.

  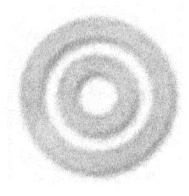   

Figura 3.19 - Ícones de populares programas e aplicativos vetoriais do mercado.

3.4.3 Aplicativos híbridos

São softwares, aplicativos e programas que utilizam a tecnologia vetorial para a visualização do traço, mas criam um arquivo bitmap de saída. Não são muito comuns, e alguns inclusive não são mais fabricados. Existe também o método contrário, isto é, softwares que transformam uma arte bitmap em uma arte vetorial. Esses são de grande aplicabilidade e muito utilizados por ilustradores, pois permitem criar imagens com uma melhor saída, principalmente para impressões em que a fidelidade vetorial ajuda muito. Hoje em dia, porém, com o surgimento de telas de alta resolução em dispositivos móveis como a tela Retina da Apple, a nitidez vetorial também ajuda muito na qualidade final.

Figura 3.20 - Ícones de programas e aplicativos bitmaps e vetoriais populares do mercado.

3.4.4 Aquarela digital

A aquarela digital conta com ferramentas muito particulares dos softwares. A maioria dos softwares de pintura oferece pincéis próprios para essa técnica, e até camadas que reproduzem telas úmidas e adição de água ao longo da execução. É possível ainda definir se a pintura é ao ar livre e projetar virtualmente os ventos e sua direção, afetando o resultado final do trabalho. Também se pode escolher a superfície em que será aplicada, contando para isso com uma enorme gama de papéis e suportes virtuais que imitam papéis e suportes reais. No exemplo abaixo temos uma ilustração criada a partir de uma aquarela digital.

Figura 3.21 - Etapas de produção de uma ilustração com aquarela digital.

3.4.5 Aerografia com malha interativa

Uma das técnicas que permitiu a virtualização da aerografia para a criação de ilustrações hiper-realista foi a malha interativa. Trata-se de uma técnica que se baseia nos princípios utilizados nas malhas de superfície para imagens 3D. A técnica consiste em aplicar um tom único em uma determinada área ou figura e, a partir da adição de pontos em seu contorno ou preenchimento, ir adicionando linhas que podem receber tons mais claros ou mais escuros que o tom inicial. Com isso a figura passa a ter uma passagem tonal controlada. Com áreas de sombra e área de luz, é possível criar um volume realista na figura, que passa a representar formas hiper-realistas.

3.4.6 Marcadores

Marcadores digitais são extremamente eficientes e podem utilizar vários recursos digitais para serem feitos com mais rapidez. A possibilidade de criar camadas e modos de mistura permite controlar os efeitos; outra vantagem são os controles de opacidade, que podem regular o grau de transparência. É possível também realizar seleções bem-definidas para controlar as mudanças tonais. Outra facilidade é a possibilidade de ter todos os tons à disposição, o que é extremamente custoso na mesma técnica analógica. Na Figura 3.22 temos uma ilustração que utiliza esses efeitos digitais para criar a sensação típica das ilustrações com marcadores.

3.4.7 Colagens e recortes

Sem dúvida as técnicas de colagens e recortes são as que mais se beneficiam no ambiente digital. Uma prova é que nos últimos anos vimos um enorme número de ilustradores utilizá-las. Como no computador é muito fácil juntar fotografias, desenhos, outras ilustrações prontas e qualquer tipo de imagem para realizar um trabalho nessa técnica, o importante é estar atento a um bom equilíbrio de brilho, contraste e resolução entre as imagens selecionadas para se obter um bom resultado final. Muitas revistas, jornais e até produções

Figura 3.22 - Etapas de produção de uma ilustração com marcadores digitais.

publicitárias preferem utilizar esse tipo de trabalho para diferenciar o traço em suas peças. A técnica praticamente utiliza as ferramentas de seleção, modos de mistura, efeitos de camada e de luminosidade.

3.4.8 3D

Além de uma técnica, o 3D se tornou uma área da produção visual devido à enorme quantidade de softwares, aplicativos e programas específicos. No caso da ilustração bidimensional, alguns programas também contam com ferramentas 3D que permitem transformar uma imagem 2D em 3D, evidentemente com algumas restrições de recursos, pois não são softwares destinados a essa técnica. Deve-se levar em conta ainda a capacidade de sua placa de vídeo de suportar tecnologias 3D para realizar um trabalho. Placas de vídeo que suportem tecnologias como open GL irão fazer um trabalho mais sofisticado e permitir sua renderização mais rápida. Outro fator é a estética final de uma imagem 3D: como ela fica muito artificial, muitos ilustradores de traço e estilo não gostam de utilizá-la, mas, sabendo usá-la, é possível criar imagens 3D muito fiéis ao traço ou estilo do ilustrador. Eis a seguir uma ilustração tridimensional que foi utilizada para uma ilustração técnica e que permitiu gerar imagens de diferentes pontos da peça por ser uma arte 3D. Se fosse uma ilustração bidimensional, fazer as diferentes poses seria muito mais difícil e demorado.

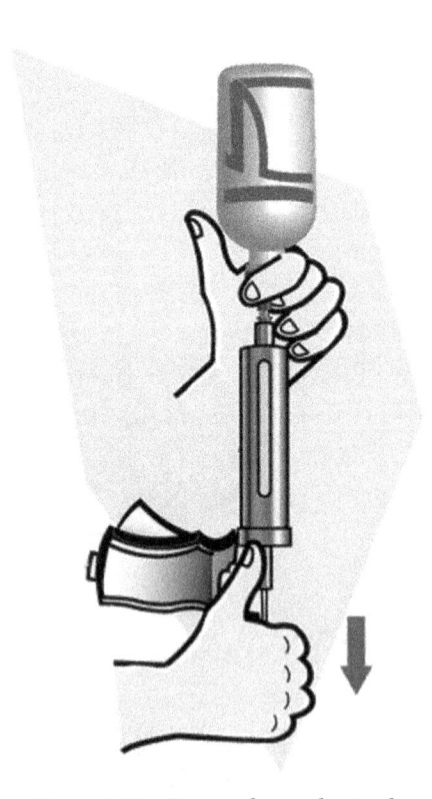

Figura 3.23 - Etapas de produção de uma
ilustração com ferramentas 3D em softwares 2D.

3.5 Desenvolvendo forma e estilo

Depois de você conhecer os fundamentos do Capítulo 1 e as técnicas e mercados de atuação como ilustrador, é hora de apresentarmos os processos de desenvolvimento de um estilo próprio. Em primeiro lugar, é a prática seguida de uma orientação que permite tal evolução, portanto, quanto mais trabalho e mais direção, mais facilmente a evolução ocorre. Isso não quer dizer que só ter trabalhado muito vai fazer você chegar a algum estilo. É preciso que esse trabalho seja constante, mas com um certo grau de desafio a cada ilustração. Só assim seu estilo e forma serão desenvolvidos. É muito comum ver jovens ilustradores caírem no vício das tendências, e, em vez de desenvolver uma evolução, trocam de traço e estilo conforme o modismo ou a tendência atual. Talvez o seu trabalho peça esse tipo de atitude, mas cabe a você analisar os efeitos que isso traz para a sua carreira e como impacta em seu desenvolvimento. O desenvolvimento de um estilo não depende de você conhecer e saber tudo o que já foi feito em ilustração. Do traço que desenvolve, precisará conhecer seus limites técnicos e sempre evoluir na sua criatividade. Em um segundo momento, um pouco de sorte também será necessário, pois é preciso que o público reconheça e consuma seu traço e estilo. O público vai ser uma espécie de incentivador para que a evolução ocorra, portanto essa troca de sensações e sentidos é um combustível muito importante para o desenvolvimento da forma e do estilo.

Vamos recapitular?

Neste capítulo aprendemos sobre a definição de ilustração; as principais utilizações na indústria; a interpretação visual das técnicas e materiais analógicos; técnicas e materiais digitais; e desenvolvimento de forma e estilo.

Agora é com você!

1) Escolha uma coluna fixa de um jornal e tente representar visualmente o assunto tratado. Para isso, utilize o material básico e as técnicas aprendidas no Capítulo 1. Lembre-se de fazer uma versão em papel e uma no computador, levando em consideração as diferenças de cada meio e de suas ferramentas.

2) A partir da solução visual encontrada no exercício anterior, utilize uma das técnicas analógicas apresentadas neste capítulo e uma das técnicas digitais para realizar a conversão da ideia visual em uma ilustração finalizada.

3) Escolha uma revista semanal e crie uma ilustração para sua manchete principal de capa. Lembre-se de pesquisar sobre o assunto e organizar referências visuais. Após ter definido o esboço, utilize uma das técnicas deste capítulo para finalizar a ilustração e, se possível, aplique a ilustração na capa utilizando o computador para fazer a montagem.

4) Escolha um produto alimentar infantil (pacote de bolacha, achocolatado etc.) e desenvolva para a embalagem uma ilustração que contenha uma mascote, faça uma pesquisa sobre a faixa etária do público infantil, da história do produto, de suas cores e do estilo de sua tipografia. Finalize todo o processo utilizando tinta guache em papel.

5) Utilizando o computador, desenvolva um banner promocional para um desenho animado. Tente compor com os personagens cenários e tipografia manipulando as formas e cores. Imagine que seu banner é uma peça ilustrativa do desenho animado. Você pode utilizar o desenho de terceiros, mas "desenhe" a composição dos elementos.

6) Crie uma campanha institucional de conscientização sobre o uso de álcool ao volante. Tente utilizar elementos mais realistas para ilustrar sua campanha.

7) Faça um cartaz promocional para uma marca de roupa utilizando colagens e dobraduras de papel para ilustrar o *slogan* da marca. Lembre-se de pesquisar texturas, padrões visuais e imagens que remetam ao clima da marca e à definição visual do *slogan*.

4

Estudo da Mídia Impressa

Para começar

Neste capítulo vamos abordar questões relacionadas com a ilustração na mídia impressa. Para tanto, porém, você deve, antes de tudo, entender a importância dos assuntos relacionados ao tema, como a utilização do impresso como ferramenta de comunicação. Além disso, você também irá perceber que está constantemente rodeado de impressos, que fazem parte das nossas vidas.

4.1 O impresso

Os dicionários oferecem várias definições do vocábulo impresso. Contudo, podemos dizer que impresso é o resultado dos mecanismos ou sistemas de impressão, em que geralmente há um original, que pode ser uma imagem, um texto ou ambos, um sistema de impressão ou transferência das informações e um suporte de impressão. O resultado da transferência de informações sobre o suporte de impressão (geralmente papel) é o chamado impresso.

A Figura 4.1 exemplifica uma situação muito comum: nela podemos perceber, em uma livraria, a enorme quantidade de impressos, sejam em forma de livros, revistas, jornais etc.

Figura 4.1 - Livros são um ótimo exemplo de impressos que fazem parte do nosso cotidiano.

Figura 4.2 - As embalagens são exemplos de impressos que manuseamos todos os dias.

A Figura 4.2 é outro exemplo de impressos do nosso dia a dia. Basta observarmos a enorme quantidade de embalagens que nos cerca.

4.2 O impresso em nossas vidas

Estamos em um mundo no qual os impressos se fazem sempre presentes. Basta perceber a enorme quantidade de embalagens, revistas, livros, jornais, calendários, envelopes, faturas, adesivos e tantos outros exemplos de materiais impressos para diversas finalidades. Este livro é um ótimo exemplo, pois é composto de um suporte de impressão com tinta impressa sobre ela. Essa tinta é utilizada como agente de transferência de informações.

4.2.1 Impressos pelos caminhos

Você deve se lembrar dos caminhos que normalmente faz no seu cotidiano. Busque na memória a quantidade de imagens e textos que você percebe nesses caminhos. Muitas vezes você visualiza essas informações em placas, cartazes, letreiros, panfletos que recebe nos semáforos, além, é claro, do dinheiro que manuseia também diariamente.

Você já parou para pensar que a maioria dessas informações chega até você na forma de impressos? Pois bem, os impressos estão ao nosso redor desde que nascemos, ainda que não percebemos isso de forma consciente.

Assim que você acorda, já se depara com eles, seja nas embalagens dos alimentos que você consome pela manhã, na embalagem do seu creme dental, no calendário fixado na parede que você consulta etc. Assim, seguimos por todo o nosso dia, observando, manuseando, rasgando, dobrando e, em muitos casos, até guardando alguns desses impressos, pois eles nos servirão por muito tempo, como é o caso do dinheiro, de passagens de metrô, agendas, comprovantes de pagamento e tantos outros exemplos.

4.3 Um pouco de história

Os impressos surgem juntamente com os sistemas de impressão. Basicamente, temos registros de sistemas de impressão datados do século VII pelos chineses, com a invenção do papel e posteriormente do processo chamado de xilogravura, processo de reprodução que consiste em entalhes das informações em uma tábua de madeira. A referência que temos no entanto é o nome de Gutenberg, considerado o inventor da imprensa. Na verdade porém ele reinventou e aperfeiçoou o processo criado pelos chineses. Gutenberg, ou Johannes Gensfleisch zur Laden zum Gutenberg, utilizou seu sistema de impressão ou produção de impressos por volta do ano de 1439, e sua invenção ainda serve de base para muitos dos sistemas que estão hoje em funcionamento em todo o mundo.

4.3.1 Tipos móveis

Você deve entender a importância destes termos: tipos móveis. O sistema de Gutenberg, que utilizava caracteres ou letras separadas para a formação das palavras, revolucionou o mundo. Gutenberg acabava de inverter a primeira linha de produção, pois seu sistema permitia a composição de frases por meio de um método manual, e ao término do trabalho todo o material poderia ser utilizado novamente. Houve um avanço em termos do número de reproduções de impressos, e sua metodologia se espalhou pelo mundo gradativamente, possibilitando a expansão do conhecimento humano.

4.3.2 Tipos de madeira e tipos metálicos

Antes dessa inovação promovida por Gutenberg, as reproduções eram feitas a partir de tábuas de madeira entalhadas, o que não proporcionava o reaproveitamento dos caracteres. O que Gutenberg fez inicialmente foi desenvolver tipos de madeira individuais. Dessa forma, ele podia reaproveitar os tipos para novas impressões. Porém, esses tipos eram frágeis e se desgastavam rapidamente com o tempo. O próximo passo de Gutenberg foi a confecção de tipos metálicos. Ele utilizou seu conhecimento como ourives para fundir seus caracteres em chumbo. Como os tipos eram fundidos em fôrmas em baixo--relevo e de ótimo acabamento, todos os caracteres gerados eram do mesmo tamanho e com o mesmo padrão de qualidade.

A Figura 4.3 é um exemplo das possibilidades utilizadas para a geração de impressos em sistemas mais antigos.

Figura 4.3 - Tipos móveis de metal e madeira que foram muito utilizados no passado para a reprodução de obras impressas. Ainda existem muitas empresas que utilizam tipos móveis para gerar impressos.

Veja algumas das vantagens de se utilizarem tipos móveis na produção de impressos:

» A utilização dos tipos móveis proporcionou maior produtividade na produção de obras impressas, além de estabelecer um sistema de produção padronizada e muito mais rápida.

» Com esse avanço, o conhecimento, que antes era restrito a apenas algumas pessoas, agora chegava para mais e mais pessoas. Esse período foi um marco muito importante para o avanço do conhecimento humano.

Benjamin Franklin também atuava na área de impressão, utilizando uma prensa muito similar àquela que Gutenberg utilizou.

Benjamin Franklin foi um dos nomes mais importantes da história, e geralmente é lembrado pelos seus estudos sobre a eletricidade. Mas ele também é responsável por outros feitos importantes, como a idealização da primeira biblioteca pública da Filadélfia em 1731 e a fundação da Universidade da Pensilvânia em 1758. Veja na imagem seguinte uma representação de Benjamin Franklin utilizando uma prensa similar à de Gutenberg.

stock.xchng/Sam Levan

Figura 4.4 - Esta imagem representa o trabalho de Benjamin Franklin na área de impressão.

4.4 Outros sistemas

Mas é claro que os sistemas de composição e geração de impressos evoluíram muito, e nos dias atuais existem várias tecnologias que deixam o processo inventado por Gutenberg muito atrás. Além do sistema de composição manual, que aliás é utilizado até hoje, há sistemas de impressão de alta tiragem, tais como:

» Sistema tipográfico: utilizado ainda em algumas gráficas e jornais para a impressão de folhetos, capas de livros, revistas, jornais, cartões de visitas, adesivos, calendários, convites de casamento e acabamentos especiais metalizados.

» Sistema offset: utilizado na maioria das gráficas e jornais na produção de revistas, impressos comerciais, cartões de visitas, sacolas, folhetos, adesivos, livros, jornais com excelente qualidade de reprodução.

» Sistema flexográfico: utilizado na produção de sacolas, papel-toalha, adesivos, impressos flexíveis como embalagens para canudinho, e, embora ofereça uma qualidade de impressão muito boa, ainda que ligeiramente inferior ao sistema offset, é o mais adequado para esse tipo de trabalho.

» Sistema serigráfico: muito utilizado no ramo da estamparia de tecidos, também é empregado na impressão de painéis de eletrodomésticos; pode porém ser utilizado na impressão de cartões de visitas e convites de casamento personalizados.

» Sistema rotográfico: utilizado geralmente na impressão de revistas de tiragem muito alta. O sistema rotográfico, ou de rotogravura, também é muito utilizado na produção de embalagens de chocolates, sorvetes ou qualquer tipo de impressão que exija altíssima quantidade.

4.4.1 Os sistemas de reprodução atualmente

Hoje em dia, você pode ser o seu próprio impressor, editor, revisor, retocador e diagramador, pois os sistemas computacionais permitem isso. Atualmente existem várias tecnologias em que até mesmo o sistema a laser se torna uma opção, pois também há o sistema em LED. Você aprenderá sobre sistemas de impressão com maiores detalhes no Capítulo 6 deste livro. Por ora, basta saber que existem muitas formas de gerar impressos.

Também é interessante citar que atualmente, com os sistemas de computação pessoal (microcomputador, escâner e impressora a laser ou jato de tinta), pode-se produzir impressos em pequenas e em médias tiragens. Encontramos também as gráficas digitais, com equipamentos mais potentes que os caseiros para a impressão de altas tiragens. A vantagem dos sistemas totalmente digitais é a rapidez com que os impressos são gerados, e, se houver, qualquer alteração de última hora, os originais digitais podem ser alterados e, a partir daí, pode ser gerado um novo lote de impressos, atualizados com uma rapidez sem comparação com os sistemas convencionais.

Os sistemas digitais acabaram por gerar um novo segmento no ramo. É possível gerar impressões sob demanda, ou seja, imprimir apenas o número necessário de exemplares. No ramo editorial, pode-se imprimir apenas um livro e manter seus originais em versão digital para venda ou exibição em outros dispositivos, como tablets, smartphones e web.

4.5 A função do impresso

Agora que você já tem uma ideia sobre como produzir impressos, vamos falar um pouco sobre a sua função. Na verdade, a função dos impressos é bem simples de entender: os impressos comunicam, protegem, informam e sinalizam. Basicamente, servem como ferramentas para apoio de várias atividades e procedimentos. Este livro que você está lendo também é um impresso, e a sua função é de informar e transmitir mensagens. Em outros momentos, encontramos impressos que apenas têm como função embalar objetos. Eles servem também para transporte, ou servem como instrumento de transações financeiras, como é o caso do dinheiro impresso em papel.

Os impressos também servem para nossa organização diária, como é o caso de calendários e agendas, e servem para anotações de informações diversas, como é o caso dos cadernos pautados, com as pautas (linhas horizontais) impressas para orientar a escrita.

Você já parou para pensar nos impressos utilizados, por exemplo, na área hospitalar? Você percebe que há uma enorme quantidade de impressos que seguem desde a recepção do hospital até a saída do paciente? Pois bem, imagine a quantidade de relatórios, receitas, gráficos, cardápios, etiquetas, rótulos etc. Muita coisa não é? Por isso, procure observar tudo o que está ao seu redor com outros olhos e perceba como estamos rodeados de impressos. Até mesmo nossos documentos pessoais são impressos, como a carteira de identidade, a carteira de motorista e outros documentos.

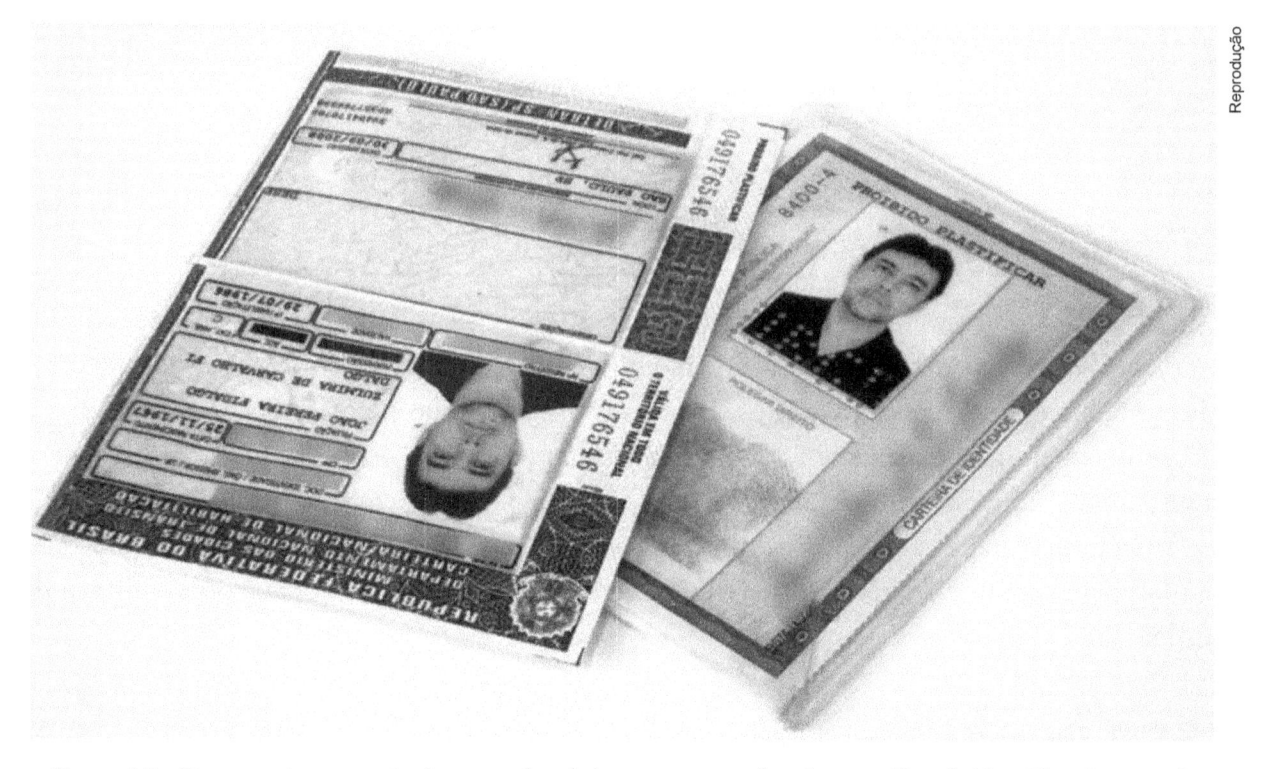

Figura 4.5 - Documentos pessoais são exemplos de impressos com função específica de identificação pessoal.

Figura 4.6 - Embalagem de chocolate, que, além
de proporcionar proteção ao alimento, também
serve como atrativo para o consumidor.

4.6 Principais tipos de impressos

Os impressos podem atuar como ferramentas educacionais, em que as informações contidas servem para o desenvolvimento do conhecimento humano, como livros técnicos ou livros de formação básica. Também podem ser utilizados apenas como ferramentas de orientação, como placas de sinalização de caminhos, velocidade máxima e indicação de setores ou departamentos. Podem ser utilizados como entretenimento ou diversão, em forma de histórias em quadrinhos e roteiros culturais. Também podem ser utilizados para proteção, como as embalagens dos produtos que consumimos. Também utilizamos impressos para apresentação pessoal e profissional, como é o caso dos cartões de visitas.

4.6.1 Impressos educacionais ou pedagógicos

São impressos utilizados como ferramenta do desenvolvimento humano, por meio de elementos pedagógicos. Esse tipo de impresso permite o compartilhamento do conhecimento e contribui para a formação do indivíduo.

Figura 4.7 - Um exemplo de impressos educacionais ou pedagógicos são as apostilas, que encontramos em diversos tipos de cursos e treinamentos. A apostila é um material de apoio para o aluno.

4.6.2 Impressos para orientação

Esse tipo de impresso tem a função de sinalizar e orientar ações e comportamentos. Podemos ver esse tipo de impresso nas vias públicas, indicando velocidade máxima em uma via de rolagem, direção dessa via, faixa de pedestres etc. Veja a Figura 4.8. Também podemos ver impressos de sinalização em veículos de transporte público como ônibus ou metrô, sem deixar de citar repartições públicas, onde há a indicação de setores e serviços, e os conhecidos mapas de localização, como na Figura 4.9.

Figura 4.8 - Placas de trânsito. São também tipos de impressos muitas vezes feitos com base em placas metálicas ou outro material resistente, que serve para sinalização nas ruas, avenidas e estradas.

Figura 4.9 - Mapas. Os mapas também são impressos muito utilizados para auxiliar na localização de um local ou indivíduo, e também servem para orientação de caminhos.

4.6.3 Impressos para entretenimento ou diversão

Esses impressos podem ser os quadrinhos, jogos e também palavras cruzadas. São utilizados para ilustrar histórias de aventura e humor, ilustrar testes de conhecimento, no caso das palavras cruzadas e jogos de tabuleiro, como se vê no exemplo da Figura 4.10. A Figura 4.11 apresenta outro exemplo de impresso feito para a diversão.

Figura 4.10 - Palavras cruzadas. São impressos tradicionais e muito conhecidos pela maioria das pessoas, que as utilizam como passatempo ou entretenimento.

Figura 4.11 - HQ. As revistas em quadrinhos são muito conhecidas do público em geral e servem para contar estórias de todos os tipos, além, é claro, de divertir o leitor.

4.6.4 Impressos para embalagens

As embalagens encaixam-se em uma categoria de impresso das mais expressivas em termos de quantidade. Basicamente, embalam quase todos os outros tipos de impressos citados até aqui. As embalagens podem ser flexíveis, como é o caso das sacolas, ou rígidas, como as caixas de papelão ou cartão, ou uma combinação de cartão com plásticos transparentes.

Veja na Figura 4.12 uma sacola, em que o logo do cliente é impresso em uma ou mais faces da embalagem.

Figura 4.12 - Sacola com impressão do logo de uma loja
ou empresa de serviços.

4.6.5 Impressos para apresentação pessoal e profissional

Esses impressos podem ser currículos e também cartões de visita. O objetivo desses impressos é apresentar dados pessoais e profissionais do indivíduo, deixando uma forma para que outras pessoas possam fazer contato caso estejam interessadas nos atributos do profissional ou do indivíduo. É o que nos mostra a Figura 4.13.

Figura 4.13 - Cartão de visitas. Trata-se de um dos impressos mais comuns, pois todos os profissionais das mais variadas áreas de atuação possuem o seu.

Exemplo

Você pode produzir seus próprios impressos. Esses impressos podem ser apenas de imagens, apenas textos, ou imagens e textos. Tudo isso pode ser feito em quantidades consideráveis, mesmo fazendo tudo à mão.

Tabela 4.1 - Funções e exemplos dos impressos

Educacionais	Orientação	Diversão	Embalagens
Livros	Placas	HQ	Sacolas
Apostilas	Manuais	Jogos	Rótulos
Dicionários	Bulas	Palavras cruzadas	Caixas
Jornais	Formulários	Roteiros culturais	Papéis de presente
Revistas	Gráficos	Revistas	Displays

Vamos recapitular?

Este capítulo fez uma abordagem sobre o impresso com o objetivo de preparar você para entender melhor como funciona a ilustração na mídia impressa. Para tanto, você aprendeu que existem tipos de impressos e algumas aplicações. Esses impressos estão em nossas vidas e fazem parte do nosso cotidiano. Por isso, é muito importante desenvolver um olhar mais atento a tudo o que está ao nosso redor. Você também aprendeu um pouco sobre métodos de composição manual e sobre os principais sistemas de impressão, que serão abordados com maior atenção nos próximos capítulos.

Agora é com você!

1) Faça uma lista de todos os impressos que encontrar ao seu redor, não somente no seu espaço de estudos, mas em sua casa, seu caminho para a escola ou trabalho. Então, organize todos esses impressos em uma tabela para diferenciá-los, tal como mostrado anteriormente na tabela 4.1.

2) Faça uma pesquisa sobre métodos ou sistemas de impressão antigos, de preferência aqueles utilizados no Brasil na época da Imprensa Régia.

5

Estudo da Ilustração na Mídia Impressa

Para começar

Neste capítulo vamos aprender sobre a ilustração na mídia impressa, sua função e aplicação nos mercados editorial e jornalístico, e um pouco sobre o profissional de ilustração. Também veremos questões relacionadas aos cuidados no momento da criação mediante o sistema de impressão, uma questão que muitos ignoram, a resolução adequada a cada mídia ou suporte de impressão, o modelo de cor adequado e como gerar versões digitalizadas dos originais analógicos.

5.1 A ilustração

Ilustração é uma imagem pictórica utilizada para acompanhar, explicar, interpretar, acrescentar informação, sintetizar ou até simplesmente decorar um texto. Embora o termo seja usado frequentemente para se referir a desenhos, pinturas ou colagens, uma fotografia também é uma ilustração. Além disso, a ilustração é um dos elementos mais importantes do design gráfico.

São comuns em jornais, revistas e livros, especialmente na literatura infantojuvenil (assumindo, muitas vezes, um papel mais importante que o texto), sendo também utilizadas na publicidade e na propaganda. Existem também ilustrações independentes de texto, em que a própria ilustração é a informação principal. Um exemplo seria um livro sem texto, não incomum em quadrinhos ou livros infantis.

Em princípio, o que distingue a ilustração das histórias em quadrinhos é não descrever, necessariamente, uma narrativa sequencial, mas sintetizar ou caracterizar conceitos, situações, ações ou, até mesmo, determinadas pessoas, como é o caso da caricatura. Disponível em: <http://pt.wikipedia.org/wiki/Ilustração>. Acesso em: 21 jan. 2014

Podemos dizer que ilustração é o que expressa, por meio de uma representação gráfica ou imagem, o que o texto expressa em palavras. Uma ilustração deixa a obra impressa mais interessante do ponto de vista visual, embora muitas obras apresentem um apelo visual belíssimo apenas com a utilização correta dos espaços de grafismo e contra grafismo e da tipologia aplicada.

Na mídia impressa, a ilustração tem o papel de reforçar ideias, demonstrar situações ou momento de um país nos segmentos social e político, informar e divertir.

5.2 Ilustração é desenho?

Talvez você possa estar pensando que ilustração e desenho são a mesma coisa. Na verdade não são. Mas não se preocupe, pois muitas pessoas e até profissionais da área acabam se confundindo às vezes.

5.2.1 Ilustração

Ilustração é uma representação gráfica que geralmente é encomendada para explicar, informar, sintetizar ou representar visualmente o que está em um determinado texto, ou seja, ela tem uma finalidade de completar ou facilitar o entendimento de um texto. O profissional que faz as ilustrações é chamado de ilustrador.

5.2.2 Desenho

Já o desenho não tem como objetivo principal explicar um texto, ou seja, ele não é feito por encomenda para explicar um texto. Muitas vezes o desenho por si só já faz o seu papel de comunicar uma ideia. Esse desenho pode ou não ter acabamento, pode ser colorido ou branco e preto, e muitas vezes também é utilizado como obra de arte.

Há muitos tipos de desenho, como o técnico, o arquitetônico, o artístico.

O desenho com modelo vivo, o mecânico e também o geométrico; ou seja, há muitas denominações e muitas aplicações para o desenho. O profissional que realiza esse tipo de trabalho é chamado de desenhista.

Veja a Figura 5.1, que mostra uma situação em que a cidade é construída sobre ela mesma em camadas. Provavelmente o ilustrador fez a interpretação de um pedido sobre o crescimento das cidades.

Veja a ilustração e repare nas camadas de construção dos prédios. Essa ilustração mostra o crescimento de uma cidade de forma desordenada representada por construções sobre construções.

Agora veja um exemplo de desenho, Figura 5.2. Nesse caso não houve necessariamente uma encomenda ou uma interpretação, mas simplesmente a representação de um momento.

O desenho anterior mostra apenas uma menina em um momento em que ela se encontra tranquila, pois está com o seu cachorrinho e está rodeada de comida. Podemos explorar mais essas diferenças de estilos e aplicações. Vamos agora abordar outras categorias que também estão presentes em nosso cotidiano.

Figura 5.1 - Ilustração.

Figura 5.2 - Desenho.

5.2.3 Cartum

O cartum é um estilo de desenho. Possui um traço característico de cada artista e geralmente é utilizado para representar com muito humor situações do dia a dia das pessoas. O profissional que realiza esse trabalho é conhecido como cartunista. Veja na Figura 5.3 a representação de um momento dentro da área de informática, em que um profissional faz a avaliação de um computador. Nesse caso o profissional é representado como um médico de computadores.

Figura 5.3 - Cartum.

O engraçado desse cartum é o médico de computadores fazendo um exame. Ele "ouve" o computador com o mouse do equipamento e examina a sua "garganta" pelo drive de CD.

5.2.4 Charge

A charge é um estilo muito interessante de representação. Geralmente é utilizada para representar momentos políticos e sociais da semana. É muito empregada em jornais, nos cadernos de política. Funciona quase como uma história em uma ou duas cenas que são suficientes para transmitir a ideia ou crítica.

Observe na Figura 5.4 como o presidente do Brasil se encontra em uma situação complicada. Essa situação é representada por um buraco em seu gabinete. No mínimo essa charge é muito engraçada, mas ela só tem sentido quando retrata um momento da história recente do país.

Figura 5.4 - Charge.

No caso dessa charge, vamos um momento político do Brasil.

5.2.5 Caricaturas

As caricaturas geralmente são uma representação exagerada de personalidades, pessoas comuns ou indivíduos anônimos. O objetivo é justamente exagerar nas proporções mas sem perder a identidade com a pessoa que é o alvo da caricatura.

Na Figura 5.5, podemos ver a autocaricatura de um dos autores deste livro e sua luta em desenvolver suas habilidades gastronômicas.

Essa caricatura ou autocaricatura mostra o autor Brancalion e sua luta com a comida.

5.2.6 Tiras ou tirinhas

No caso das tiras, encontramos uma pequena sequência de imagens bem-humoradas que podem

Figura 5.5 - Autocaricatura do autor Brancalion.

representar situações do cotidiano, situações políticas ou ideias muito simples. A imagem ou tira a seguir, Figura 5.6, também mostra um momento ou um fragmento de uma conversa.

Figura 5.6 - Tira ou tirinha.

Essa é uma tira que mostra um momento muito simples, talvez de uma ideia ou uma parte de alguma conversa do personagem com outra pessoa.

5.2.7 Quadrinhos

Já os quadrinhos ilustram histórias mais longas. Os quadrinhos servem tanto para divertimento como também para a área de ensino, uma vez que possuem uma linguagem que agrada muito todas as faixas etárias, principalmente as mais jovens.

A Figura 5.7 é a representação de uma página de quadrinhos. Interessante é que esse quadrinho representa um trecho de uma música de Itamar Assumpção.

Figura 5.7 - Quadrinhos.

O interessante desse quadrinho é que na verdade ele narra uma música e não exatamente uma parte de alguma história.

5.3 Perfil dos profissionais

Você sabia que não basta apenas saber desenhar ou ter um traço bonito para se tornar um profissional dessa área? Pois bem, o profissional da área de ilustração, não importa em qual segmento esteja atuando, está sempre preocupado em ampliar sua cultura geral. É essa cultura que vai ajudá-lo no desenvolvimento de seu trabalho, seja na ilustração de uma capa de livro, na criação de uma charge ou de uma tira.

Nesse ramo, é quase impossível o profissional estar distante de questões sociais e políticas, pois muito do seu trabalho gira em torno desses assuntos.

É claro que ele também deve conhecer muito bem todas as técnicas de desenho apresentadas nos três primeiros capítulos deste livro, além das escalas de cores, e ter uma boa noção dos sistemas de impressão. Nesse último caso, conhecer um pouco sobre sistemas de impressão pode ajudá-lo a não criar traços que não possam ser percebidos no resultado final do trabalho. Essas questões serão abordadas mais adiante.

Ainda falando sobre o perfil desse profissional, existem caso sem que o ilustrador conhece muito sobre o assunto que será alvo do seu trabalho. Em casos assim, ele pode criar soluções rápidas. Em outros casos, ele pode não concordar com o texto que lhe foi apresentado e acabar criando ilustrações no sentido de enfatizar o que ele entende ser mais interessante. Porém tudo isso é feito de maneira discreta, pois o ilustrador, além de ser um artista, também é um prestador de serviços.

5.3.1 Ilustradores que se afastam da política

Muitos ilustradores acabam se afastando das questões políticas e procuram investir seu tempo em assuntos mais culturais. Alguns deles alegam que política é cansativa demais, embora seja uma fonte quase inesgotável de possibilidades para ilustrar. Já outros profissionais de ilustração vivenciam a política diariamente, não só do seu país de origem mas de todo o globo, pois para eles é uma questão de paixão.

Basicamente podemos dizer que ilustração, charges e tiras caminham junto com as questões políticas.

5.3.2 Mídia impressa e mídia digital

Para que você tenha uma ideia, a preocupação sobre um suposto confronto entre a mídia impressa e a digital é algo até antigo. Há muito se fala que a mídia digital vai acabar com a mídia impressa, porém ainda temos as duas mídias presentes em nossas vidas.

Um caso interessante é o caso dos jornais. Aliás, os jornais são grandes consumidores de ilustrações. Mas eles enfrentam um dilema atualmente. Eles entram ou não no digital para valer? Se entram, o que fazer com bilhões investidos em estrutura e equipamentos? Se não entram, como atingir públicos ainda maiores e aumentar seu faturamento? Realmente é uma equação difícil de ajustar. Mas claro que você está pensando que isso já é uma ação realizada, pois os grandes jornais possuem suas páginas na internet. Sim! Isso é verdade! Mas o cenário ainda parece um tanto incerto. Claro que os grandes jornais têm a obrigação de garantir seu espaço nos meios digitais, mas o preço é alto.

5.3.3 O ilustrador entre as duas mídias

Muitos ilustradores nem se preocupam com essa situação, pois o que lhes interessa é executar seu trabalho como sempre fizeram e não importa onde esse trabalho será publicado. Outros acreditam que a mídia digital ou mais especificamente a internet pode ser prejudicial, pois muitos ilustradores estão realizando seus trabalhos de forma muito fechada em seus estúdios, e quando dizemos trabalho não é apenas se sentar em frente ao computador e utilizar uma gama de softwares. O trabalho de um ilustrador também é visitar exposições, participar de workshops e visitar pessoalmente lugares que venham acrescentar ao seu aculturamento geral e artístico. A internet de certa forma permite que esse ilustrador "visite" locais interessantes, exposições etc. sem sair do seu estúdio. Com isso, o que pode acontecer é que ele pode perder um pouco o ritmo do mercado, se distanciar um pouco da prática de valores cobrados por trabalhos e, consequentemente, acabar cobrando muito alto ou muito baixo por um determinado trabalho. Por isso, a mídia digital e suas ferramentas devem ser encaradas apenas como ferramentas complementares, e o profissional deve continuar circulando por aí.

5.4 Mercado

Bem, quando falamos em mercado, você pode pensar em possibilidades de trabalho, correto? Isso mesmo! Há várias oportunidades, mas, como já abordamos anteriormente, você precisa ter a visão dos processos criativos, das técnicas de desenho, conhecer bem questões sobre luz e cor, entender de informática e dos principais softwares e tecnologias disponíveis atualmente.

Quando falamos de informática, não se trata de ligar o computador, abrir um navegador de internet e entrar nas redes sociais. É da informática básica que estamos falando! Sistemas operacionais, entender de hardware o suficiente para utilizar de forma correta o seu computador, entender sobre dispositivos de armazenamento, sistema binário e, é claro, sobre os softwares utilizados atualmente.

Então você pensa que essa história de sistema binário não é importante? Que tipo de imagem então podemos utilizar no Photoshop? Oito bits por canal, 16 bits ou 32 bits?

Voltando à questão do mercado, basicamente temos como segmentos fortíssimos o editorial, jornalístico e também o de embalagens. Todos esses segmentos fazem uso da ilustração.

No ramo editorial, há milhões e milhões de títulos que utilizam a ilustração nas capas e também nos miolos dos livros. No ramo jornalístico, as ilustrações estão basicamente em todos os cadernos dos jornais. Isso também ocorre no ramo de embalagens, que muitas vezes utilizam fotografias, mas também fazem uso de ilustrações. Ou seja, há espaço para futuros profissionais em vários segmentos.

Você sabia que no ano de 1978 houve uma greve de jornalistas no estado de São Paulo? Essa greve obrigou os jornais a contratarem especialistas em várias áreas de atuação para que escrevessem sobre os assuntos que dominavam. Muitos desses especialistas que apresentavam certa facilidade em escrever criaram um gênero novo de escrita nos jornais. Esse gênero novo trouxe as famosas colunas. Por isso, há tantos colunistas, ou escritores especialistas em um determinado assunto, gerando textos para vários jornais.

5.5 Principais tipos de mídias

Vamos falar dos principais tipos de mídias impressas. Nesse momento, o termo mídia também assume o sentido de suporte de impressão, que, por sua vez, apresenta características próprias de reprodução de detalhes. O ilustrador pode se beneficiar do conhecimento básico sobre cada suporte e criar ilustrações mais adequadas para cada sistema de impressão e suporte de impressão, que geralmente é papel.

O papel é o principal suporte de impressão, e basicamente os papéis podem ser revestidos ou não revestidos de algum tipo de acabamento.

Para entender melhor, o papel é constituído de fibras entrelaçadas. Essas fibras, por si sós, não são suficientemente fortes para suportarem a mecânica do sistema de impressão. Por isso, sobre essas fibras são aplicados vários elementos que fortalecem essa estrutura, e dessa forma a impressão passa a ser possível. Muitas vezes, os papéis recebem um acabamento que mais se assemelha a uma cola, que une as fibras e deixa a folha de papel mais forte. Também existem outros tipos de adições na estrutura básica do papel que resulta em um acabamento mais liso. Em outras situações, esse acabamento também pode deixar o papel mais brilhante, que oferece resultados ainda melhores de impressão. Enfim, existem muitas combinações entre a estrutura básica do papel e os tipos de acabamentos.

Vamos falar basicamente sobre três tipos de papéis que são o papel cuchê, o papel offset e o papel jornal.

O papel cuchê é revestido com um tipo de tinta látex que deixa o papel com um acabamento superficial de alto nível. Esse acabamento confere ao papel uma superfície quase perfeita e resulta em uma impressão de altíssimo nível. Esse papel é comum na impressão de revistas.

O papel offset, que leva o mesmo nome do sistema de impressão offset, lembra um pouco um papel sulfite, porém é mais encorpado e de acabamento superficial melhor que o sulfite, mas esse papel é mais áspero se comparado ao papel cuchê. Vemos muito esse tipo de papel na impressão de livros.

O papel jornal é mais áspero que os outros. Esse papel é mais simples, e o seu acabamento é bem inferior se comparado ao dos outros. É um papel mais barato que os outros, mas o seu emprego é destinado para a impressão de periódicos (tipo de impresso) de vida útil muito curta. O jornal é um tipo de impresso que, no geral, tem o menor tempo de vida, ou seja, ele é diário. Como o jornal é um impresso com tempo de vida útil de apenas um dia, ele não necessita ser impresso em papéis mais caros. Por todos esses motivos, o papel é macroporoso, e por isso a qualidade das imagens impressas é inferior.

Tabela 5.1 - Alguns tipos de papéis

Papel	Acabamento	Porosidade	Resultado de impressão
Cuchê	Tinta látex	Microporoso	Altíssima definição
Offset	Colado	Poroso	Alta definição
Jornal	Colado	Macroporoso	Boa definição

Fonte: Autor

Nosso estudo será feito sobre os sistemas offset, para editorial como revistas e impressos comerciais, offset para jornais, rotogravura para editorial e embalagens e flexografia, que também pode ser utilizado para embalagens e jornais. A questão do que pode ser reproduzido não é apenas relacionada ao tipo de papel, mas também às características das fôrmas de impressão de cada sistema.

5.5.1 Sistema offset para revistas e impressos comerciais

Figura 5.8 - Offset para impressão comercial.

Esse sistema tem como característica o alto nível de reprodução de detalhes. Seu mecanismo proporciona impressões em alta quantidade, e a sua fôrma de impressão, por ser planográfica, pode gravar detalhes muito delicados e imprimir esses detalhes no papel com o mínimo de perdas. O ilustrador nesse caso pode abusar de traços e texturas muito pequenas, com traços finíssimos, com a certeza de que o sistema offset irá reproduzir todos os detalhes. Outra questão importante que permite a reprodução desses detalhes sutis é o papel utilizado. Trata-se de um papel microporoso, o que gera impressões de alta qualidade.

5.5.2 Sistema offset para impressão de jornais

Figura 5.9 - Offset para jornais.

Com certeza você já teve a oportunidade de manusear revistas e jornais, não é mesmo? Lembra-se da textura de cada papel? Pois bem, o papel jornal é áspero, enquanto o papel utilizado nas revistas é bem mais macio. O papel utilizado para impressão de jornais é conhecido como papel jornal. O ilustrador já acostumado com esse sistema cria sim os detalhes da sua ilustração, mas toma cuidado em não criar traços muito finos. Esses detalhes muito delicados geralmente se perdem durante o processo de impressão, pois para imprimir em papéis como esse, ou seja, papéis macroporosos, os pontos de impressão precisam ter dimensões bem maiores das encontradas nos pontos de impressos no sistema offset para revistas. Esses pontos grandes não registram detalhes muito delicados.

5.5.3 Sistema rotográfico

Figura 5.10 - **Impressora rotográfica.**

Esse sistema de impressão é destinado para altíssimas tiragens. É indicado para a impressão de embalagens como de chocolates, sorvetes, revistas, ou seja, sempre que a quantidade de impressões for muito alta. Esse sistema utiliza vários tipos de papéis, mas a questão é outra. No sistema rotográfico não há linhas contínuas a traço como ocorre no sistema offset. Nesse sistema, todos os grafismos são "serrilhados", uma característica necessária por causa do sistema de gravação de fôrmas.

5.5.4 Sistema flexográfico

Figura 5.11 - **Impressora flexográfica.**

O sistema flexográfico também é indicado para altas tiragens, mas sua aplicação é mais voltada para embalagens de baixo custo, embora o sistema seja capaz de gerar impressões de alta qualidade. Mas como os grafismos estão gravados na fôrma em alto-relevo, cada parte de uma imagem ou texto é uma estrutura que pode se deformar quando o sistema está em funcionamento. A fôrma é flexível, e daí vem o nome de flexografia. Nesse caso, o ilustrador deve tomar cuidado para não gerar fios muito finos, pois eles serão deformados durante o processo de impressão. Mas essa é uma das suas características básicas, ou seja, as linhas, os contornos ficam deformados.

5.6 Modelos de cores

Existem vários modelos de cores utilizados nos sistemas de impressão. Na maioria dos casos, temos impressos feitos no modelo de cor CMYK, também conhecido como cor de escala. Nesse caso, o C, significa Ciano, o M significa Magenta, o Y representa o Amarelo ou Yellow e o K serve para representar a tinta preta. Muitos acreditam que o K é na verdade a última letra da palavra Black. Não é isso. A letra K se refere à palavra Key, de chave, ou seja, a tinta que dá volume ao impresso é a tinta preta, ou também podemos entender que é a cor chave, transferida pela fôrma chave. Daí vem o termo Key Plate.

Figura 5.12 - Síntese subtrativa.

Existem algumas variações desse modelo, em que algumas tintas são substituídas por cores especiais. Há também o modelo de cor ou tom chamado de Gray Scale, ou escala de cinza. Sempre que desejamos fazer uma impressão em branco e preto, utilizamos esse modelo. E por fim, há os modelos que utilizam apenas cores especiais como o monotom, o duotom, o tritom e o quadritom, utilizando cores especiais. Também é possível misturar o modelo CMYK com cores especiais como as cores da escala Pantone, por exemplo. Porém, no geral, as ilustrações ou outros tipos de impressos têm como escala de impressão o modelo CMYK.

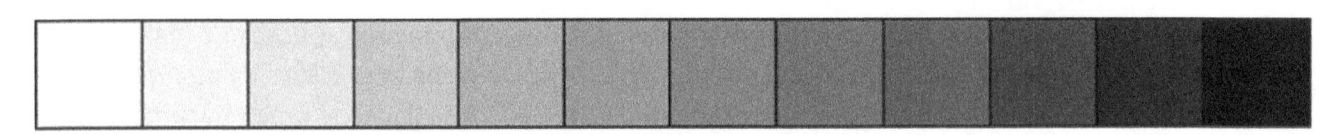

Figura 5.13 - Escala de cinzas.

5.6.1 Modelos ou perfis utilizados no Brasil

Geralmente, as imagens que chegam nas mãos do profissional atualmente estão no modelo de cores RGB. Você já deve ter ouvido falar sobre esse sistema de cores. O modelo RGB é utilizado na área de fotografia. Por isso, quando uma imagem é capturada nos meios digitais atualmente, câmeras, celulares e algumas filmadoras, por exemplo, essas imagens estão no modelo RGB. Mas não fazemos impressões em RGB. Cuidado para não confundir revelação de fotografias com impressão gráfica. No caso da revelação, sim, o sistema é baseado em RGB, mas no momento da impressão o modelo de cores deve ser o CMYK.

Figura 5.14 - Comparação das sínteses.

No Brasil, utilizam-se basicamente dois modelos de cores de impressão. Na verdade, são modelos CMYK com perfis de cores adequados ao nosso mercado gráfico. Esses perfis são o Europeu e o FOGRA 39. O perfil Europeu ou simplesmente escala Europa é muito difundido nas gráficas de todo o país. Já o modelo Fogra é o resultado de anos de dedicação para a normatização de sistemas de impressão. Esse perfil serve muito bem para o mercado brasileiro.

Você com certeza já ouviu falar no software de retoque de imagens chamado Photoshop, não é mesmo? Esse software trata imagens e aplica os perfis de cores adequados para cada sistema. Porém, ele "vem de fábrica" com o modelo de CMYK baseado no SWOP, que não é o perfil de impressão que utilizamos. Agora, vamos pensar um pouco sobre isso. Quantas vezes você ouviu falar que alguém estava ocupado configurando o perfil do Photoshop para os padrões de impressão do Brasil? Na maioria das vezes isso não ocorre.

5.6.2 Configuração do perfil de cor no Photoshop

Para você configurar o perfil de cor no Photoshop de forma correta, vá até o menu Edit/Editar e procure o grupo Color Settings/Configuração de Cores. Dentro desse grupo, procure o campo CMYK. É nesse campo que você vai escolher o perfil FOGRA 39 ou Euro scale. Caso contrário, você estará imprimindo em um padrão de cores norte-americano.

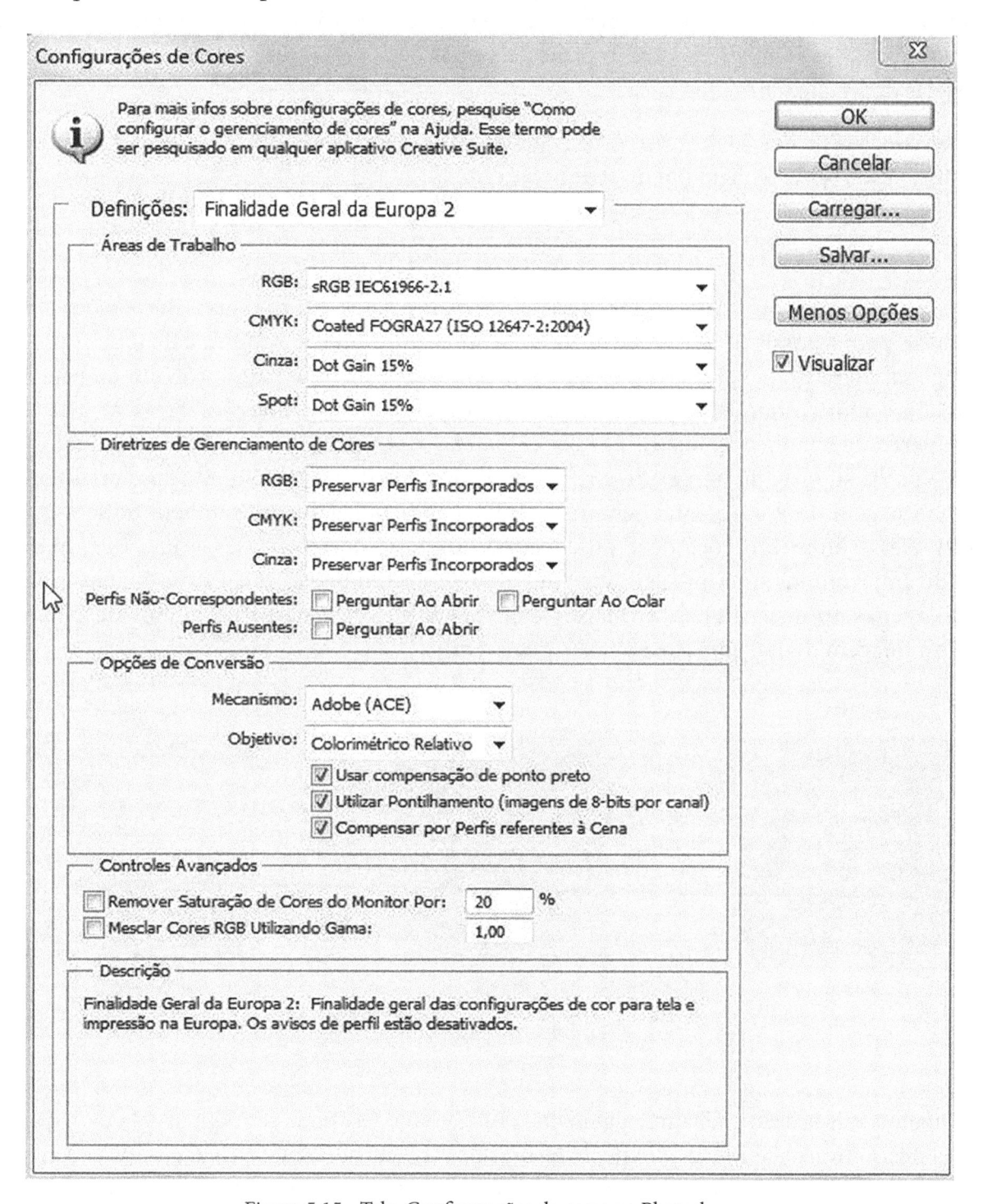

Figura 5.15 - Tela Configurações de cores no Photoshop.

Repare inicialmente no campo Working Spaces/Área de Trabalho. Há o campo RGB, que geralmente está com o perfil sRGB IEC61966-2.1, mas esse perfil é para quem trabalha na área de WEB. O perfil RGB para quem trabalha na área de impressão podem ser o Color Match RGB ou o perfil Apple RGB. Esses dois perfis mostram na tela tonalidades muito, mas muito próximas do que veremos na impressão.

No campo CMYK, o interessante é ver com a gráfica qual é o perfil utilizado. Geralmente ele é baseado em escala Europa, mas também se utiliza muito o perfil FOGRA 39. Esse perfil possui várias especificações compatíveis com os principais tipos de papéis utilizados no Brasil, assim como a escala das tintas que utilizamos.

Por isso, sua ilustração deve ser visualizada no padrão de impressão para que as correções que porventura sejam feitas tenham um nível de acerto alto.

5.7 Resolução

Esse assunto é de vital importância se você deseja imprimir suas ilustrações com o mínimo de perda possível. A resolução de uma imagem digital é sempre calculada por polegada inglesa, ou seja, 2,45 cm. Essa medida é linear e serve de base para o cálculo da resolução. Mas qual é o motivo que nos leva a nos preocuparmos com essa questão? Seria apenas evitar alguma perda de detalhes da ilustração? Na verdade a nossa preocupação é a de adequar a imagem ao tipo de suporte de impressão e também ao sistema de impressão. Muitos acreditam que uma boa imagem deve apresentar sempre 300 pixels por polegada, ou também podemos dizer 300 PPI. Nesse momento você deve estar pensando que o correto é DPI e não PPI, mas DPI é quando imprimimos uma imagem em um suporte de impressão e o PPI é quando temos a imagem apenas no meio digital. A imagem impressa é gerada a partir de pontos de impressão (DPI), e a imagem digital apresenta apenas pixels (PPI).

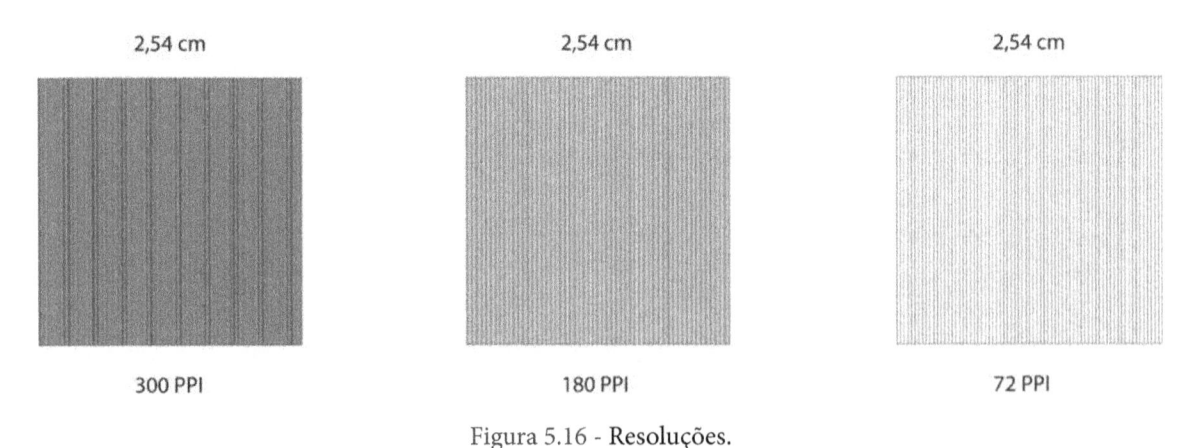

Figura 5.16 - Resoluções.

Quando a ilustração é feita manualmente, por exemplo, ela pode ser digitalizada para que seja utilizada nos softwares de tratamento de imagens, softwares de desenho vetorial e softwares de paginação. Muito bem, mas digitalizar simplesmente não é suficiente. Temos que saber em qual será o suporte de impressão ou qual será o sistema de impressão.

Muitas empresas dos ramos cometem um erro básico, gerando uma peça gráfica ou publicitária para imprimir em uma revista, e utilizam o mesmo projeto ou arquivo para imprimir a mesma peça em um jornal. O resultado? Uma impressão "borrada"! Então alguém acaba dizendo que o pessoal do jornal não sabe imprimir, mas a questão não é essa, e sim que a peça publicitária não foi feita inicialmente para o papel jornal e sim para um papel de revista. A diferença básica está na resolução em que a peça foi idealizada: 300 PPI são o ideal para o papel utilizado em revistas, que geralmente é o papel cuchê. Esse papel é microporoso e por isso suporta muitos detalhes. Já o papel jornal é macroporoso e por isso os pontos de impressão devem ser grandes e espaçados. Consequentemente a resolução é mais baixa.

Veja a seguir uma representação de uma imagem impressa com 300 DPIs de resolução:

Figura 5.17 - Imagem de 300 DPIs.

Uma imagem impressa com 300 DPIs de resolução apresenta pontos de impressão pequenos, o que é muito bom para a representação de detalhes da imagem. Claro que se trata de uma representação didática, pois os pontos reais são muito pequenos e nem sempre são facilmente visíveis a olho nu.

Veja também a representação de uma imagem impressa com 180 DPIs de resolução:

Figura 5.18 - Imagem de 180 DPIs.

Essa representação demonstra como os pontos de impressão para jornal são bem maiores. Isso é por causa do tipo de papel utilizado. O papel jornal é macroporoso, ou seja, os poros do desse papel são grandes, e trata-se de um papel bem áspero. Além disso, ele é como um papel absorvente, e a tinta que cai sobre ele acaba se espalhando. Imagine um papel-toalha, desses que você tem em sua casa. Imagine que agora você deixa cair sobre ele uma gota de tinta. Essa gota, quando toca o papel, acaba se espalhando, e por isso a área que a tinta cobre passa a ser bem maior. O mesmo ocorre com o papel jornal. É por isso que os pontos são maiores e mais espaçados. Dessa forma, os pontos impressos gerados pela tinta acabam não se tocando, pois estão distantes uns dos outros.

5.7.1 Cálculo de resolução

Para saber qual é a melhor resolução para cada tipo de papel ou sistema de impressão, primeiro devemos observar um detalhe desses suportes ou papéis. O detalhe é na verdade uma pequena sigla, ou LPI. Essa sigla significa Lines Per Inches, ou linhas por polegadas.

Nós que trabalhamos com softwares e arquivos de imagens geralmente estamos acostumados a falar em pixels ou pontos quando fazemos a impressão das imagens. Já o fabricante de papel e até mesmo o impressor utilizam a sigla LPI com maior frequência. Podemos entender que o LPI é o fator de reprodução de um papel.

Para que você entenda melhor, veja a seguinte tabela de comparação entre LPI e DPI.

Tabela 5.2 - Tabela de LPI x DPI

Papel	LPI	DPI
Cuchê	150 LPI	300 DPI
Papel Offset	150 LPI	300 DPI
Papel Jornal	90 LPI	180 DPI

Você percebeu que o cálculo é bem simples, ou seja, basta multiplicar o valor em LPI por 2. Assim, obtemos o resultado em DPI que devemos utilizar não só para a impressão, mas também para a digitalização das imagens. Isso significa que para cada tipo de papel devemos ter uma versão da imagem na resolução adequada.

5.7.2 Interpolação

Esse assunto deve ter uma atenção especial. A interpolação é quando alteramos a resolução de uma imagem via software. O mais conhecido é o Photoshop, e essa alteração é feita na caixa do comando Image Size/Tamanho da Imagem. Então você imagina que isso é um procedimento muito comum, que todo mundo faz etc. Mas cuidado para não jogar todo o seu trabalho no lixo! Na minha visão pessoal, a interpolação é utilizada em duas situações:

» quando não há planejamento ou conhecimento da etapas de trabalho, ou seja, digitalização, tratamento de imagens, impressão etc.

» quando o que temos nas mãos são apenas os arquivos digitais que foram utilizados em outras mídias.

Se nós sabemos que nossa ilustração será impressa em papel de revista, basta digitalizar essa ilustração já na resolução adequada. Claro que também há a questão das dimensões. Mas um software de escâner, até mesmo os mais simples, permitem determinar a resolução e as dimensões da imagem que estamos digitalizando.

A interpolação sempre gera alguma perda. Essa perda pode ser grande ou pequena, e claro que existem limites aceitáveis mediante conversa com seus superiores e clientes, mas se todo o processo for feito da forma correta a interpolação não será necessária.

Se a imagem possui uma resolução de 72PPIs e desejamos utilizá-la no processo de impressão, não basta alterar sua resolução no Photoshop. Essa imagem foi feita para ser publicada em mídia de tela como web, por exemplo. A interpolação para 300 PPIs resulta em uma imagem com as mesmas falhas, só que, agora, essas falhas são exibidas em 300 PPIs.

Também pode ocorrer o contrário. Se temos uma imagem de 300 PPIs e alteramos sua resolução para 72 PPIs, o que teremos é uma imagem sem detalhes. Ou seja, se a interpolação for para cima, perdemos o foco da imagem e não geramos detalhes. Se a interpolação for para baixo, perderemos detalhes da imagem.

5.7.3 Formas de digitalização de ilustrações

Nesse contexto estamos falando sobre digitalizar nossas ilustrações que foram feitas de forma analógica, comas várias técnicas e materiais.

Quer dizer que você pode ilustrar em papel utilizando pincéis, aerógrafo, lápis, canetas etc., utilizando o papel que desejar, e no final do trabalho poderá digitalizar a ilustração em um escâner, câmera fotográfica ou até mesmo um celular.

5.7.4 Escâner

Um escâner (scanner) é um equipamento já bastante conhecido pelo público em geral. Claro que existem equipamentos de alta performance e de baixa performance. Um escâner profissional geralmente possui muitos recursos importantes para executar uma ótima digitalização, e por isso o seu valor é mais alto. Há também escâners mais simples e com menos recursos, mas que até podem ser utilizados para trabalhos mais simples. O interessante do escâner é que a folha de papel fique totalmente no sentido horizontal. Dessa forma, a captura da imagem ocorre sem distorções.

Atualmente um bom escâner pode ser comprado por um valor muito parecido com o que investimos em um bom computador, mas vale a pena sempre fazer um comparativo entre recursos e valores.

Figura 5.19 - Escâner.

5.7.5 Câmera fotográfica

As câmeras fotográficas digitais são ótimos equipamentos para capturar imagens de uma forma geral, mas talvez não sejam muito adequadas para capturar documentos ou folhas de desenho. Mas isso não quer dizer que não seja possível. Caso você precise capturar sua ilustração com uma câmera, cuidado para não distorcer a imagem. A câmera deve estar totalmente alinhada com a superfície da folha para não gerar distorções.

Figura 5.20 - Câmera digital.

5.7.6 Celulares

Por algum tempo os celulares eram apenas celulares. Atualmente não é bem assim. Os celulares podem fazer várias funções e até mesmo fazer e atender chamadas.1Várias marcas oferecem modelos que fazem captura de imagens. Muitas dessas marcas apresentam equipamentos com câmeras de 8 megapixels, 12.1 megapixels e até celulares com 41 megapixels. Esse último deixa muitas câmeras digitais para trás. Há até câmeras digitais que trazem consigo a função de celulares, mas geralmente com um valor em megapixels mais baixo.

De qualquer forma, de um modo geral, os celulares podem fazer a captura de imagens com um bom nível de qualidade e, por isso, podem ser utilizados para digitalizar ilustrações feitas manualmente.

Para fechar esse assunto, imagine que você pode aperfeiçoar suas habilidades de captura de imagens investindo em cursos de fotografia, além de investir em alguns equipamentos básicos como luzes, fundo infinito de pequeno ou médio porte, tripés etc.

Fique de olho!

Atualmente, com o avanço das tecnologias, os celulares conseguem capturar excelentes imagens.

5.8 Outras formas para se obter ilustrações

Além da ilustração analógica ou manual, feita através de processos artísticos, também é possível utilizar meios digitais. Você pode gerar ilustrações com softwares vetoriais como o Illustrator ou o Corel. Esses softwares geram ilustrações com traço vetorial, e essas ilustrações podem ser ampliadas ao extremo que nunca perderão a sua definição.

Outro software muito utilizado para ilustração ou pintura digital é o Painter, também da empresa Corel. Esse software possui várias ferramentas que simulam pincéis, viscosidade das tintas e até o tempo de secagem dessas tintas.

Fique de olho!

Você pode baixar as versões de teste do Illustrator e do Corel pelos seus respectivos sites:

www.adobe.com.br
www.corel.com.br

5.8.1 Softwares gratuitos

Além desses softwares que já são mais conhecidos, você também pode utilizar softwares gratuitos. Muitos profissionais têm um certo preconceito com software gratuito, pois geralmente são de empresas pequenas se comparadas com as mais conhecidas no mercado, porém são softwares originais, o que é uma vantagem. Um deles é o Inkscape. Um software feito pela empresa de mesmo nome, já é considerado por muitos uma ótima alternativa para o mercado profissional.

5.8.2 Aplicativos

E quanto aos tablets? Eles também possuem aplicativos para desenho e pintura digital.

Dentre esses aplicativos podemos citar o Markers para sistema Android e Draw Free para iPad. Ambos possuem recursos muito bons para pintura digital.

Amplie seus conhecimentos

Para que você possa saber mais sobre ilustração, o trabalho do profissional e outras curiosidades e a entrevista com Orlando Pedroso, veja o link: (http://vimeo.com/69719645); sobre a reunião de ilustradores, veja também o Bistecão ilustrado: (http://bistecaoilustrado.wordpress.com/), e sobre resolução sobre ilustração o site:

(http://pt.wikipedia.org/wiki/Resolu%C3%A7%C3%A3o_de_imagem).

Vamos recapitular?

Neste capítulo você aprendeu sobre os tipos ou linguagens da ilustração. Charge, cartum, caricatura, ilustração e desenho foram alguns dos assuntos abordados. Também aprendeu sobre os principais sistemas de impressão e alguns cuidados que o profissional deve ter quando cria uma ilustração para ser impressa em algum desses sistemas. O objetivo é criar ilustrações cujos detalhes possam ser impressos da melhor maneira possível, pois cada sistema de impressão possui suas características. O capítulo também abordou a questão da resolução, que deve sempre ser adequada a cada tipo de papel, nesse caso também chamado de mídia.

Os dispositivos de captura de imagens também foram abordados, e, por fim, você aprendeu um pouco sobre os principais softwares que podem ser utilizados para gerar ilustrações. Esses softwares podem ser os mais conhecidos no mercado, fabricados por grandes empresas, ou podem ser gratuitos.

Agora é com você!

1) Faça uma análise dos tipos de ilustrações encontradas nas principais mídias de impressão (jornais, revistas etc.) e classifique-as como cartum, charge, tira, ilustração ou desenho.

2) Faça você mesmo um exemplo de cada uma dessas ilustrações. Crie um cartum, uma charge, uma tira, uma ilustração ou desenho, utilizando as técnicas de desenho e ilustração que você aprendeu nos três primeiros capítulos deste livro.

3) Utilize um escâner, digitalize uma ou mais ilustrações de sua escolha em resoluções para revista (300 PPI) e jornal (180 PPI). Procure abrir essas imagens digitalizadas em um software de retoque de imagens como o Photoshop e faça os ajustes que julgar necessários.

4) Através de uma gráfica digital, faça a impressão em diferentes tipos de papéis, como um cuchê e um offset ou sulfite, e faça uma análise dos resultados, imprimindo nesses papéis a imagem de resolução de 300 PPI e também a imagem de 180 PPI.

5) Faça experiências de captura de imagens também em outros dispositivos, como câmeras digitais, celulares e tablets, e analise os resultados. Essa análise pode ser feita na tela do seu computador ampliando essas imagens se necessário e também por impressão.

6) Faça uma pesquisa sobre softwares de ilustração vetorial, ilustração digital e softwares gratuitos. Você pode baixá-los e testá-los nas suas próprias ilustrações.

6

Novas Tecnologias de Impressão

Para começar

Neste último capítulo, vamos abordar questões relacionadas aos sistemas mais atuais de impressão. Serão abordados mais os sistemas digitais que os analógicos e mecânicos, que nos permitem fazer impressão de grandes, médias e pequenas tiragens.

Veremos também um pouco sobre os resultados que podem ser obtidos de acordo com o sistema de impressão escolhido, além de uma abordagem sobre os principais softwares de finalização de arquivos para a impressão de ilustrações

6.1 Sistemas e novas tecnologias de impressão

Você está imaginando que verá uma repetição do assunto sobre sistemas de impressão, mas fique tranquilo, pois não é isso que vamos tratar neste tópico.

Claro que entre os sistemas de impressão utilizados atualmente estão os sistemas já citados, como o offset, flexografia e rotográfico, ou de rotogravura. Mas existem outros sistemas que muitas vezes são utilizados para tiragens menores e até mesmo servem para fazer apenas uma impressão. Você pode finalizar sua ilustração em computador e, por meio das várias tecnologias existentes, e gerar impressões de altíssima qualidade.

Todos os sistemas apresentam uma enorme evolução com o passar dos anos. Esses sistemas passaram de manuais para automáticos, de analógicos para eletrônicos e por fim para digitais.

Os sistemas de impressão ou reprodução digitais estão presentes nas gráficas rápidas, com equipamentos que geralmente utilizam tecnologia em jato de tinta, laser, Figura 6.1, e até cera. Esse último sistema é também conhecido como tinta sólida.

Figura 6.1 - Impressora a laser, um tipo de equipamento muito utilizado para impressão em pequenas tiragens.

Se o seu desejo é reproduzir sua ilustração em grandes tiragens, você deve utilizar sistemas como offset, por exemplo, mas se a intenção é imprimir apenas algumas cópias, personalizadas ou não, os sistemas digitais são a melhor opção atualmente. Seu custo é baixíssimo em termos de equipamento, mas o valor por cópia pode ser mais alto se comparado ao sistema offset. Porém o sistema offset pode imprimir milhares de cópias por hora, enquanto o digital imprime apenas algumas centenas. Em contrapartida, as impressões feitas pelos sistemas digitais estão praticamente prontas assim que saem da impressora, e no sistema offset as peças devem ser cortadas, refiladas, passando geralmente por algum tipo de acabamento.

6.2 Computer To Print

Você já deve ter ouvido o termo Computer To Print, ou simplesmente a sigla CTPrint, não é mesmo? Isso já ocorre há alguns anos, e é o que fazemos em casa com nosso computador e nossa impressora. Claro que existem muitas configurações, do sistema CTPrint, que pode utilizar impressoras caseiras, profissionais e até impressoras gráficas se estas possuírem a tecnologia adequada de comunicação.

Além das impressoras de tamanho pequeno, dessas que encontramos em nossas casas, copiadoras e estúdios de ilustração, também podemos fazer uso de plotter, Figura 6.2. Essas máquinas nos

Ilustração e Produção de Impressos

permitem imprimir nossas ilustrações em formatos realmente grandes. Muitos deles chegam até a 5 metros de área impressa, mas, no geral, são máquinas que facilmente nos permitem imprimir trabalhos com pelo menos 1 metro de largura por 2 metros de altura. Na verdade, no entanto, a altura dos impressos nesses plotters não teria uma altura definida, uma vez que a maioria deles trabalha com suporte de impressão baseado em rolos e não em folhas soltas.

Figura 6.2 - Impressão digital em plotters. Um plotter pode gerar impressos de grandes dimensões para aplicação imediata em pontos de venda, painéis, gôndolas e envelopamentos.

6.3 Web To Print

Esse sistema é muito interessante e está mais afinado com os dias atuais. O sistema Web To Print permite a aplicação de uma ilustração em modelos prontos. Esses modelos geralmente estão em uma loja virtual, e existem várias possibilidades para a aplicação de uma ou mais ilustrações, ajustar tamanhos, posicionamento etc.

Também é possível fazer alterações a qualquer momento e gerar impressões que podem ser para a confecção de impressos promocionais, impressos personalizados com dados variáveis, brindes como camisetas, Figura 6.3, canecas, mouse pads etc., ou seja, você determina todos os detalhes, antes de realizar a impressão.

Figura 6.3 - Impressão em camisetas. Esse é outro mercado muito promissor para a atuação do profissional de ilustração.

6.4 Impressos personalizados

Esse tipo de impressão também só é possível com as tecnologias digitais. Você se lembra das contas de água ou de energia? Esses são exemplos de impressos personalizados. Nesses casos há um modelo pronto com alguns campos reservados para a impressão de informações presentes em um arquivo. Esse arquivo armazena dados de vários clientes, por exemplo. A cada novo impresso, uma nova informação é aplicada nesses campos, e a partir daí temos impressos personalizados que são enviados por correio para a residência de cada assinante.

6.5 Resultados esperados conforme o sistema de impressão

Cada sistema de impressão, ainda que utilizando o mesmo tipo de suporte de impressão ou papel, pode apresentar resultados diferentes.

Por isso, quando você pretende imprimir sua ilustração, é importante saber qual o resultado final esperado. Claro que sempre queremos o melhor resultado de impressão possível, mas, conhecendo algumas das características dos sistemas, podemos esperar alguns resultados se, dentro dos limites de cada equipamento e papel, determinar nosso objetivo de impressão.

Podemos avaliar alguns sistemas de impressão e esperar alguns resultados.

Tabela 6.1 - Sistemas de impressão

Sistema	Tipo de papel	Resolução	Resultado
Offset	Cuchê	300 DPI	Ilustrações com alto nível de impressão
Offset	Offset	300 DPI	Ilustrações com alto nível de impressão, mas sem brilho
Offset	Jornal	180 DPI	Ilustrações com bom nível de impressão
Rotográfico	Cuchê	300 DPI	Ilustrações com alto nível de impressão, mas todos os grafismos são serrilhados
Rotográfico	Acetinado	300 DPI	Ilustrações com alto nível de impressão, mas todos os grafismos são serrilhados
Flexográfico	Cuchê	300 DPI	Ilustrações com bom nível de impressão, porém com pequenas deformações nos contornos das imagens
Flexográfico	Acetinado	300 DPI	Ilustrações com bom nível de impressão, porém com pequenas deformações nos contornos das imagens
Serigráfico	Tecido	300 DPI	Ilustrações com bom nível de impressão, porém a qualidade depende da quantidade de linhas do tecido
Jato de tinta	Cuchê	300 DPI	Ilustrações com bom nível de impressão
Offset ou Sulfite		300 DPI	Ilustrações com bom nível de impressão
Laser	Cuchê	300 DPI	Ilustrações com alto nível de impressão, mas que não se compara ao sistema offset
Laser Offset ou Sulfite		300 DPI	Ilustrações com alto nível de impressão, mas que não se compara ao sistema offset
Tinta sólida	Cuchê	300 DPI	Ilustrações com alto nível de impressão. Esse sistema deixa um acabamento geralmente brilhante
Tinta sólida	Offset ou Sulfite	300 DPI	Ilustrações com alto nível de impressão

Essa tabela pode ajudar você a organizar testes de impressão para verificação da qualidade de impressão conforme o sistema e o papel. Faça isto então: escolha uma ilustração da sua preferência e vá montando um mostruário de impressos para estudo.

6.6 Principais softwares para criação e impressão de ilustrações

O mercado está repleto de softwares para criar ilustrações. Esses softwares se dividem em softwares pagos de grande empresas, softwares mais utilizados e softwares gratuitos.

Não importa muito se os softwares são mais ou menos utilizados no mercado. O que importa realmente é se ele possui os recursos necessários para o profissional de ilustração realizar seu trabalho e se eles podem salvar os arquivos nos principais formatos de impressão.

6.7 Softwares de ilustração vetorial

Já foram citados anteriormente. Basicamente os softwares de ilustração vetorial mais utilizados são o Illustrator, da Adobe Systems, e o Corel, da Corel Corporation. Esses softwares, se bem utilizados, podem gerar ilustrações com alto nível de realismo.

Veja alguns exemplos de ilustrações vetoriais feitas no CorelDraw: http://diazsignart.com/ illustrations-art/#/illustrations e exemplos de ilustrações vetoriais feitas no Illustrator: http://www. illustratorworld.com/

6.8 Softwares de ilustração digital bitmap

Também existem os softwares de ilustração digital com imagens baseadas em pixels. Esses softwares proporcionam um traço ou um comportamento muito, mas muito semelhante ao comportamento que os materiais de pintura apresentam.

Um dos mais famosos softwares para pintura digital é o Painter, da Corel Corporation. Esse software possui uma vasta gama de ferramentas que simulam materiais de pintura. Veja alguns exemplos:

» Corel Painter - http://www.corel.com/corel/product/index.jsp?pid=prod5090087

» Manga Studio - http://manga.smithmicro.com/

» Art Rage - http://www.artrage.com/

» Sketchbook pro - http://www.autodesk.com/products/sketchbook-pro/overview

Também podemos utilizar o próprio Photoshop para gerar as ilustrações digitais em bitmap. Um ótimo exemplo é o site do artista Nico Dimattia, que utiliza apenas recursos do Photoshop. Veja o seu site:

» http://nicodimattia.wordpress.com/

6.9 Softwares de ilustração digital bitmap para tablets

Os tablets são uma realidade. Esses equipamentos não são utilizados apenas para organização pessoal, para tirar fotos ou para diversão. Atualmente são também equipamentos para pintura digital. Para tanto, basta possuir o software correto e uma caneta própria para o trabalho.

Muitos fabricantes de softwares para computadores pessoais já perceberam a importância do tablet e, por isso, desenvolvem também aplicativos para esse tipo de plataforma. Veja a lista a seguir:

» Procreate - http://procreate.si/

» Art Rage - https://itunes.apple.com/app/artrage/id391432693?mt=8

» Sketchbook pro - https://itunes.apple.com/ca/app/sketchbook-pro-for- ipad/id364253478?mt=8

6.10 Saída do trabalho

Quando utilizamos o termo saída neste contexto, queremos dizer a impressão das suas ilustrações. Você pode entender que esse é o último passo natural do trabalho. Sim, é, mas os softwares de ilustração vetorial ou digital devem pelo menos trabalhar com alguns formatos. São eles:

» TIFF - A sigla significa *Tagged Image File Format*. Esse formato é bem antigo e foi criado pela Aldus, empresa que foi a criadora do Page Maker, Aldus Photo Styles e Aldus Free Hand. Esse formato não aceita vetores. Por isso, ainda que a ilustração seja feita no CorelDraw ou no Illustrator, a ilustração será totalmente convertida para pixels. Não é um formato que degrada as compactações na imagem e possibilita alta qualidade de impressão se a imagem possuir alto nível de detalhes e a impressora for de padrão profissional. (http://pt.wikipedia.org/wiki/Tagged_Image_File_Format)

» EPS - Significa *Encapsulated PostScript*. Esse formato de arquivos foi desenvolvido pela Adobe Systems e é compatível com pixels e vetores. Foi desenvolvido para a impressão de vetores no ambiente PostScript, que é na verdade uma plataforma baseada em comandos que trabalham vetores e pixels e é utilizado em impressoras profissionais.

» Por isso, se a sua ilustração foi feita em softwares vetoriais e se você quiser manter esses vetores no trabalho, o formato EPS é ideal. (http://pt.wikipedia.org/wiki/EPS)

» JPEG - *Joint Photographic Experts Group*. Inicialmente muito utilizado na área de fotografia digital, mas também é muito utilizado na área de WEB. O formato JPEG também pode ser utilizado em impressões digitais, porém o formato tem como principal característica a compressão da imagem. Essa compressão pode ser controlada, mas, mesmo que você determine a maior qualidade possível, o arquivo em formato JPEG sempre será menor se comparado a outros formatos como o TIFF, por exemplo. (http://pt.wikipedia.org/wiki/JPEG)

» PDF - *Portable Document Format*. Atualmente o formato PDF é muito utilizado. Ele é capaz de armazenar e reproduzir vetores e pixels, além de embutir as fontes de texto utilizadas no trabalho (isso também ocorre com o formato EPS) e ainda permite que o profissional aplique senhas de segurança para evitar que as ilustrações sejam impressas. Isso é interessante em casos em que o profissional é contratado para realizar um trabalho: esse profissional envia o trabalho para o cliente fazer a aprovação, mas, se o trabalho não for pago, ele não será impresso. (http://pt.wikipedia.org/wiki/PDF)

Vamos recapitular?

Neste capítulo você aprendeu sobre alguns novas tecnologias de impressão como WEB to Print, aprendeu sobre impressos personalizados, além de se informar sobre os resultados de impressão esperados de acordo com o processo de impressão, o tipo de papel e a resolução de imagens.

Também aprendeu um pouco sobre as características básicas dos softwares de ilustração vetorial e ilustração bitmap, onde adquirir softwares para estudo e softwares gratuitos, e, por fim, aprendeu sobre as principais características dos principais formatos de arquivos.

Agora é com você!

1) Escolha uma das suas ilustrações preferidas e a leve (em forma de arquivo digital) para uma empresa que faz impressão digital por plotter. Verifique quais são as principais características desse equipamento, qual é a dimensão máxima de impressão e qual deve ser o procedimento para ampliar sua ilustração a fim de não ter perdas de detalhes significativos no momento da impressão.

2) Crie uma conta em uma loja virtual de brindes ou camisetas, escolha uma das suas ilustrações preferidas, faça a aplicação dessa ilustração nas áreas indicadas pelos modelos prontos e produza um brinde. Veja quais são as características necessárias exigidas pelo sistema, como modelo de cores, resolução etc., para obter os melhores resultados.

Faça uma busca na internet de empresas que fazem a impressão de camisetas on-line.

3) Realize impressões digitais em cores, utilizando sistema laser e sempre o mesmo papel, e imprima apenas uma ilustração em quatro formatos de arquivos diferentes. Esses formatos serão: TIFF, JPEG (com a máxima qualidade possível), EPS e PDF.

Faça uma comparação não apenas em termos de qualidade final de impressão, mas também compare o tamanho dos arquivos. Dessa forma, você perceberá qual o melhor resultado de impressão e o menor tamanho de arquivo possível para facilitar seu armazenamento em seu computador ou dispositivo de armazenamento, como HD externo, pendrives etc.

Bibliografia

BAER, Lorenzo. **Produção gráfica.** São Paulo: Senac, 1995.

BANKS, Adam; CAPLIN, Steve. **O essencial da ilustração.** Rio de Janeiro: Senac, 2012.

BATISTA, Antônio. **Arte digital – Técnicas de ilustração digital.** Lisboa: FCA, 2009.

CORTEZ, Jaime. **A técnica do desenho.** São Paulo: Editora Criativo, 2013.

EDWARDS, Betty. **Desenhando com o lado direito do cérebro.** Rio de Janeiro: Ediouro, 2000.

FRASER, Tom; BANKS, Adam. **O essencial da cor no design.** São Paulo: Senac, 2012.

HALLAWELL, Philip. **À mão livre** – A linguagem do desenho. São Paulo: Melhoramentos, 1994.

MCCLOUD, Scott. **Fazendo comics.** São Paulo: M. Books, 2008.

PARRAMON. **Fundamentos do desenho artístico.** São Paulo: Martins Fontes, 2007.

RIBEIRO, Milton. **Planejamento visual gráfico.** Brasília: LGE Editora, 2003.

SMITH, Ray. **Manual prático do artista.** São Paulo: DK, 2012.

STANCHFIELD, Walt. **Dando vida aos desenhos.** Rio de Janeiro: Campus, 2011.

SUASSUNA, Ariano. **Iniciação á estética.** Rio de Janeiro: José Olympio, 2002.

Marcas Registradas

Todos os nomes registrados, marcas registradas ou direitos de uso citados neste livro pertencem aos seus respectivos proprietários.